STOFF- UND MOTIVGESCHICHTE DER DEUTSCHEN LITERATUR

7

STOFF- UND MOTIVGESCHICHTE DER DEUTSCHEN LITERATUR

HERAUSGEGEBEN VON

PAUL MERKER UND GERHARD LÜDTKE

7

OTTO BALTZER

JUDITH

1930

WALTER DE GRUYTER & CO.

VORMALS G. J. GÖSCHENSCHE VERLAGSHANDLUNG — J. GUTTENTAG, VERLAGS-BUCHHANDLUNG — GEORG REIMER — KARL J. TRÜBNER — VEIT & COMP.

BERLIN W 10 UND LEIPZIG

JUDITH
IN DER DEUTSCHEN LITERATUR

VON

OTTO BALTZER

1930

WALTER DE GRUYTER & CO.

VORMALS G. J. GÖSCHENSCHE VERLAGSHANDLUNG — J. GUTTENTAG, VERLAGS-
BUCHHANDLUNG — GEORG REIMER — KARL J. TRÜBNER — VEIT & COMP.

BERLIN W 10 UND LEIPZIG

Aldus Druck Berlin SW 68

MEINEN ELTERN

VORWORT.

Die Gliederung meiner Untersuchung entspricht dem Plan des Sammelwerkes, innerhalb dessen die Arbeit erscheint. Der Schwerpunkt der Darstellung muß auf der dramatischen Seite des Judith-Motivs liegen, da die epischen Gestaltungen den dramatischen gegenüber sehr stark zurücktreten, sowohl was die Häufigkeit des Vorkommens als auch den literarischen Wert anbetrifft. Der Darstellung der „Dramatischen Bearbeitungen des Judithstoffes" liegt meine gleichnamige nur maschinenschriftlich vorhandene Dissertation, Greifswald 1922, zugrunde.

So reizvoll die Aufgabe auch erscheint, sie wird doch insofern erschwert, als die lange Zeit beanspruchende Materialsammlung nicht ganz erschöpfend durchgeführt werden konnte. Der Stoff, der zum Teil erst durch die vorliegende Arbeit an das Tageslicht gerückt wurde, ist an vielen verschiedenen Plätzen verstreut und war nicht immer zugänglich. Deshalb kann meine Untersuchung keinen Anspruch auf Vollständigkeit erheben. Es wurde aber angestrebt, das fehlende Material im Rahmen des Ganzen wenigstens anzudeuten und darauf hinzuweisen, wo seine entwicklungsgeschichtliche Einordnung zu erfolgen hätte. Für wertvolle Fingerzeige bin ich zu aufrichtigem Dank verpflichtet Herrn Geheimrat Professor Dr. Johannes Bolte, Berlin, und Herrn Professor Dr. Josef Nadler, Königsberg i. Pr., sowie Herrn Professor Dr. Altmann, Direktor der Musikabteilung der Staatsbibliothek zu Berlin. Ganz besonders dankbar verbunden bin ich meinem hochverehrten Lehrer, Herrn Professor Dr. phil. et jur. Paul Merker, Breslau, der mit größtem Entgegenkommen und aufopfernder Bereitwilligkeit die Abfassung meiner Arbeit gefördert hat.

Dresden, im April 1929.

Dr. Otto Baltzer.

Inhaltsverzeichnis

Wie viele geistliche Stoffe aus dem Alten und Neuen Testament so hat auch die Geschichte der frommen Judith aus den Apokryphen schon von Alters her häufig dichterische Verwendung gefunden. Die älteren Bearbeitungen sind in ihrer epischen Natur meist mehr oder weniger freie Übersetzungen. Die epische Gestaltung bot auf die Dauer für den an sich schon sehr dramatischen Stoff wenig Abwandlungsmöglichkeit, während das verlockende Moment starker Bühnenwirksamkeit bei späteren Bearbeitern immer mehr an Bedeutung gewann. Hieraus erklärt sich ohne weiteres das große Übergewicht der dramatischen Bearbeitungen, deren mehr als achtzig festgestellt werden können. Den Inhalt der Judith-Erzählung aus den Apokryphen im einzelnen wiederzugeben, erübrigt sich, da infolge des engen Anschlusses an die biblische Vorlage die Grundzüge nahezu übereinstimmend bei den dichterischen Bearbeitungen wiederkehren.

Die ältesten überkommenen deutschen Judith-Bearbeitungen[1]) sind vermutlich zwei Gedichte aus der Zeit der Übergangsperiode vom Althochdeutschen zum Mittelhochdeutschen, also etwa aus dem Zeitraum von 1060—1170. Joseph Diemer, der 1849 in Wien *„Deutsche Gedichte des 11. und 12. Jahrhunderts"* veröffentlichte, gibt zwei Judith-Gedichte aus der Vorauer Sammelhandschrift wieder und bezeichnet als ihre Entstehungszeit das 11. Jahrhundert. Das ältere der beiden Gedichte (zirka 180 Verse) ist ein Spielmannsgedicht fränkischen Ursprungs. Über die jüngere Judith (zirka 1817 Verse) gibt ausführlich Pirigs[2]) Untersuchung Aufschluß. Beide Gedichte bilden poetische Übersetzungen der Judith-Legende im Anschluß an die Vulgata, ohne geistesgeschichtlich Besonderheiten zu bieten. Das Bruchstück einer angelsächsischen Bearbeitung desselben Gegenstandes befindet sich nach Diemer in Thorpe's (Bnj.) Analecta-Anglo-Saxonica, London 1834, Seite 131.

---

[1]) Noch ältere, aber englische Bearbeitungen aus dem 9. und 10. Jahrhundert gibt E. Purdie, the story of Judith in German and English literature, Paris 1927, Seite 1 Nr. 1—3 an. — Meine Diss. 1922 ist Purdie scheinbar nicht bekannt geworden.

[2]) Vgl. Jos. Pirig, Untersuchungen über die sogenannte jüngere Judith, mittelhochdeutsches Gedicht der Übergangsperiode, Diss., Bonn 1881, und Max Hering, Untersuchungen über Judith, ein mitteldeutsches Gedicht des 13. Jahrhunderts, Diss., Halle 1907.

In Chroniken ist sodann der Judith-Stoff häufig wieder aufgetaucht und behandelt worden. Die betreffenden Fundorte hat Hering (a. a. O., Seite 2) — freilich sehr kurz — zusammengestellt. Etwas ausführlicher kann hierüber folgendes gesagt werden: Unter Kopenhagener Bruchstücken von Rudolfs von Ems Weltchronik[3]) ist der Text einer Judith-Geschichte wiedergegeben und nach Edzardi (Germania, Seite 61) um 1300 geschrieben. Da Rudolf von Ems spätestens 1254 gestorben ist, könnte möglicherweise dieses Judith-Gedicht von seinem Fortsetzer stammen. Ferner befindet sich in Heinrichs von München Reimchronik eine Judith-Behandlung, die Jacobs und Uckert[4]) nachweisen. Endlich gibt Maßmann in der von ihm herausgegebenen Kaiserchronik, 3. Teil (Quedlinburg und Leipzig 1854, Seite 177 unter Nr. 29) eine Pergamenthandschrift von 1439 an, worin das Buch Judith vorkommt, ferner (Seite 180, Nr. 36) eine Papierhandschrift von 1389 enthaltend Judith, vielleicht nach Heinrich von München, und (Seite 180 Nr. 37) eine Papierhandschrift mit dem Bestandteil Judith ohne Jahresangabe oder Verfasser, sowie (Seite 180 Nr. 39) eine Pergamenthandschrift des 14. Jahrhunderts nach Heinrich von München, die ebenfalls eine Judith enthält. Die Vermischung von eigenen Dichtungen der Chronikschreiber mit übernommenen ganzen Werken oder einzelnen Stellen anderer Dichter verleiht den Chroniken einen solchen Charakter der Kompilation, daß es schwer hält, ja unmöglich ist, den eigentlichen Verfasser festzustellen. Auch Jansen Enikel, der wieder die Kaiserchronik etwa im letzten Viertel des 13. Jahrhunderts benutzte und in derselben novellistischen und kompilatorischen Art eine Weltchronik schrieb, hat das Judith-Motiv verwertet[5]).

Aus dem 13. Jahrhundert stammt ein selbständiges, nicht mit den Chroniken verbundenes mitteldeutsches Gedicht. Nach Angabe des unbekannten Verfassers ist es im Jahre 1254 entstanden. Rudolf Palgen hat das Gedicht aus der Stuttgarter Handschrift zum ersten Male herausgegeben[6]). Er urteilt darüber: „Die Übersetzung ist stellenweise ziemlich frei und nicht ganz vollständig, sie wird durchbrochen und abgeschlossen durch Anführung von Bibelstellen, allegorische Auslegungen und Ermahnungen zu einem Leben weltabgewandter Gottesminne". Der geist-

---

[3]) Vgl. Germania, Vierteljahrsschrift für Deutsche Alterthumskunde, 27. Jahrgang, neue Reihe 15. Jahrgang, Wien 1882, Seite 68.

[4]) Beiträge zur älteren Litteratur, 2. Band, Leipzig 1836, Seite 249.

[5]) Vgl. Monumenta Germaniae Historica: Deutsche Chroniken, herausgegeben von Strauch, 3. Band, Seite XXIX Zl. 45, und Seite XXXI Zl. 38.

[6]) Altdeutsche Textbibliothek, begründet von Paul, herausgegeben von Baesecke, Nr. 18, Halle 1924.

liche Verfasser soll nach Palgen aus Thüringen stammen. Eine eingehende Untersuchung bietet Max Hering (Diss., Halle 1907). Das Gedicht ist umfangreicher (2814 Verse) als die oben erwähnte ältere und jüngere Judith. Es schließt sich in der eigentlichen Judithgeschichte ebenfalls eng an die Vorlage an, zeigt aber in den mystisch-allegorischen Teilen doch eine gewisse selbständige Erfindungsgabe des Verfassers.

Außerdem kehrt dasselbe Motiv in den Historienbibeln wieder. Merzdorf bringt in seinem Werk *„Die deutschen Historienbibeln“* (Bibliothek des Literarischen Vereins Stuttgart, Tübingen 1870, Band 100 und 101) den Text einer deutschen Judith (Band 101, Seite 493-516) und eine lateinische Judith (Band 101, Seite 576—584). Beide sind in der Historienbibel I enthalten und deshalb nach Merzdorf nicht als Prosa-Auflösung der entsprechenden Bestandteile der Weltchronik Rudolfs von Ems anzusehen. Vielmehr ist die lateinische Wiedergabe eine sehr mangelhafte Rückübersetzung aus dem Deutschen, der deutsche Text aber eine prosaische Bearbeitung des alttestamentarischen Stoffes nach der Vulgata. Aus der Wendezeit des 13. und 14. Jahrhunderts sei noch erwähnt ein Judith-Gedicht aus den Sprüchen Heinrichs von Meissen (vgl. Purdie, a. a. O., Seite 3 Nr. 8). Aus dem 16. Jahrhundert ist bekannt ein Spruchgedicht von Hans Sachs aus dem Jahre 1533 (205 Verse): *„Die Judit mit Holoferne ob der belegerung der stat Bethulia“*[7]). Die Frömmigkeit und Treuherzigkeit des Dichters, der, wie in seinem Drama „Judith“ (vgl. Seite 9), die Bibel als Vorlage benutzte, kommt auch hier bei der Behandlung des Stoffes zum Ausdruck. In Hans Sachsischer Art erscheint auch ein anonymes *„Meysterlied von der Gottesförchtigen Frawen Judith, wie sie Holopherno das Haupt* abschlug“ (Leipzig 1607, vgl. Purdie, a. a. O., Seite 8)[8]).

Damit ist die Zahl der deutschen epischen Bearbeitungen erschöpft.

---

[7]) Abgedruckt in Hans Sachs, herausgegeben von Adalbert von Keller, 1. Band, Tübingen 1870, Seite 246 ff. (= Bibliothek des Litterarischen Vereins in Stuttgart 102).

[8]) Von epischen Bearbeitungen ist nur noch wenig zu erwähnen: *„Judith, ein Heldengedicht“* eines anonymen Verfassers vom Jahre 1773. (Vgl. Goedeke, Grundriß, 4. Band, 3. Auflage, 1. Abteilung, Seite 288, und Purdie, a. a. O., Seite 18, Nr. 72.) Einen Vierzeiler auf Judith schrieb endlich der Anakreontiker Gleim im Jahre 1776:

Mich wunderts nicht, daß Judiths Zorn entbrennet,
Daß sie nach Holofernis Säbel lief,
Und seinen Kopf vom Rumpfe trennet:
Was war der Narr bei ihr allein und — schlief.

(Göttinger Musenalmanach 1776, Seite 76.)

Unverhältnismäßig wichtiger und literarisch wertvoller sind die dramatischen Gestaltungen des Judith-Stoffes. Methodisch liegt ihrer Untersuchung eine Darstellung nach sozialliterarischen und zeitgeschichtlichen Gesichtspunkten zugrunde. Das Konstante bleibt auch hier der Judith-Stoff; an ihm wird gezeigt, wie das alte biblische Motiv bis in die neueste Zeit durch die jeweiligen geistigen Strömungen in formaler, stilistischer und gedanklicher Hinsicht gewandelt worden ist.

Das geistliche Drama — früher in Gestalt des Mysteriums bestehend — erfuhr durch die Reformation und Luthers Bibelübersetzung eine starke Wiederbelebung. Das Interesse für die Bibel, deren ins Deutsche übersetzter Inhalt auch ungelehrten Personen plötzlich zugänglich geworden war, gab die Veranlassung, besonders biblische Stoffe dichterisch zu verwerten.

Wie immer in der Geistesgeschichte, so liegen auch in der Dramengeschichte des Judith-Stoffes mehrere Stilschichten übereinander. Da aber die inneren Zusammenhänge wichtiger sind als die rein zeitliche Aufeinanderfolge, so kann eine chronologische Reihenfolge nicht streng innegehalten werden. Es scheint vielmehr der hier eingeschlagene Weg stilistischer Gruppenbildung den Vorzug zu verdienen. Unter diesem Gesichtspunkte bin ich zu folgender Gruppierung gelangt: Schuldramen, Meistersinger- und Volksdrama, Barokbühne, Jesuitentheater, Musikalische Bearbeitungen, das Kunstdrama des 19. Jahrhunderts, volkstümliche Spiele und jüngste dramatische Bearbeitungen.

SCHULDRAMEN.

Die ältesten dramatischen Bearbeitungen, die überliefert sind, gehören noch der Gattung der Schuldramen an. Solche Judith-Stücke verfaßten Sixt Birck (1534), Joachim Greff (1536), Wolfgang Schmeltzl (1542), Cornelius Schonaeus (1552) und ein Anonymus (1564). Bircks zweites Judith-Drama, in lateinischer Sprache abgefaßt, stammt aus dem Jahre 1536. Der Begriff Schuldrama wird hier im Sinne von Scherer angewandt und ist nicht zu eng zu fassen: „Schuldrama und Volksdrama waren wohl in keiner Landschaft völlig getrennt. Aber die Mischungsverhältnisse, die überwiegenden Kompositionsformen und -stoffe zeigen sich dem Ort und der Zeit nach verschieden". Solche Stücke wurden von Lehrern für Schulzwecke geschrieben und von Schülern aufgeführt.

Bezeichnend für die Rolle des Judith-Stoffes in den Jahren der Reformation ist es, daß unter der großen Zahl dramatischer Dichter gerade die bedeutendsten Vertreter und Begründer des Schuldramas, Birck und Greff, sich dieses annahmen. Birck hatte in Basel, angeregt durch die dortige deutsche Schauspieldichtung, auch deutsch geschrieben, während er sich später in Augsburg den von Melanchthon und Sturm empfohlenen Terenz zum Muster nahm und lateinisch schrieb. Dort hatte die mit der Reformation einsetzende Umgestaltung des höheren Schulwesens besonders auf die Pflege der lateinischen Sprache hingewiesen. Während in Holland, wo Schonaeus eine lateinische „Judith" verfaßte, der neue klassische Schultypus fast ausschließlich vertreten war, bedeutet in Deutschland das Schuldrama keinen völligen Bruch mit der volkstümlichen Tradition. Birck und Greff bearbeiteten den geistlichen Stoff in religiöser Absicht. Greffs „Judith", die trotz ihres deutschen Gewandes freilich gewisse humanistische Elemente aufweist, zeigt aber bereits soviel volkstümliche Bestandteile, daß sie einen Übergang vom Schuldrama zum Volksdrama darstellt. Auch Schmeltzl, der versucht hatte, das Schuldrama nach Österreich zu übernehmen, befindet sich schon stark in volkstümlichen Traditionen. Hingegen geht Schonaeus, der seine lateinische Komödie „*Terentiano stylo*" schreibt, streng in den Bahnen seiner humanistischen Vorgänger. Trotz der Verschiedenheit des Glaubens bei dem einen (Schmeltzl war katholisch) und trotz der Verschiedenheit der Sprache (Greff und Schmeltzl schrieben ihre „Judith" nur deutsch) umschlingt alle vier Verfasser ein gemeinsames geistiges Band, weshalb sie zu der Gruppe der Schuldramatiker zusammengefaßt werden.

Die Absicht der Schuldramatiker besteht darin, durch den Inhalt ihrer Dramen moralisch und lehrhaft zu wirken und durch die deklamatorische Art der Aufführung ihre Schüler in der Sprache zu üben und deren Beredsamkeit zu fördern.

Bezüglich der Quellenfrage ist zu bemerken, daß alle vier Vertreter des Schuldramas sich im Wesentlichen, ja vorwiegend ausschließlich an den epischen Bericht des biblischen Buches Judith gehalten haben. Von ideenhafter Vertiefung, wie wir sie in späterer Zeit finden werden, von starker, phantasievoller Ausdichtung der in der Bibel gegebenen Gedanken kann noch nicht die Rede sein. Die produktive Arbeit der Dichter, soweit sie nicht nur Dialogisierung des Stoffes ist, beschränkt sich auf die Erfindung kleiner szenischer Nebenmotive. Hierbei zeigt sich eine Verschiedenheit der dichterischen Begabung. Birck benutzte die Vulgata als Quelle, da er 1534 noch nicht die lutherische Übersetzung gekannt haben kann[9]). Greff[10]) und Schmeltzl[11]) sowie Scho-

[9]) I. F. Schöberl, Über die Quellen des Sixt Birck, Diss., München 1919, Seite 20.

[10]) Reinhard Buchwald, Joachim Greff, Leipzig 1907, Seite 55.

[11]) Franz Spengler, Wolfgang Schmeltzl, Wien 1883, Seite 41.

naeus haben die deutsche Übersetzung Martin Luthers benutzt. Die Übereinstimmung beider Dichter, die sich an einzelnen Stellen sogar wörtlich sehr nahe kommen, läßt sich auf die Benutzung der gleichen Quelle zurückführen. Ein Nachweis, Schmeltzl habe Greffs Werk gekannt, läßt sich nicht erbringen[12]). Natürlich kann Schmeltzl auch die Vulgata bei der Bearbeitung neben dem lutherischen Text mitbenutzt haben.

Die biblischen Hauptmomente der Handlung findet man bei Birck und dem Anonymus, bei Greff und Schmeltzl, ebenso wie bei Schonaeus. Welchen Niederschlag findet nun der literarische Gesamtstil jener Zeit in den Schuldramen? Neben der Verwendung eines biblischen Stoffes gehören zu den Faktoren der stilistischen Grundrichtung dieser Dramen der nach äußerlichen Gesichtspunkten erfolgte Aufbau und die Akteinteilung der Stücke. Was die äußere Technik betrifft, so findet man meist die Einteilung in Akte, Prolog, Argument und Epilog. Ferner sind häufig Widmungen zu finden, aus denen die Absicht des betreffenden Dichters hervorgeht. In der Maßlosigkeit des Szenen- und Schauplatzwechsels geben sich die Stücke der Gruppe „Schuldramen" nichts nach. Das Bestreben, die Handlungen möglichst ins Freie zu verlegen, ist allgemein vorhanden. Das Äußere der Bühne ist den Blicken der Zuschauer freigegeben, das Innere jedoch durch einen Vorhang entzogen. So war die primitive Bühneneinrichtung des Terenz, der ja auch in bühnentechnischer Hinsicht maßgebendes Vorbild der Schul- und Volksdramatiker war. Außerordentlich groß ist die Zahl der auftretenden Personen in einigen Stücken. So hat Birck im deutschen Werke 58 einzelne Personen, im lateinischen mehr als 70, Greff 33 und der Anonymus 59. Schonaeus (14) und Schmeltzl (12) begnügen sich dagegen mit ungleich weniger Personen. Typisch und charakteristisch für den damaligen literarischen Zeitstil ist auch das Volkstümliche und Derb-Demokratische in der Sprache. Die Dichter lassen ihre Personen am liebsten wie das Volk sprechen; nur die Reden hochgestellter Personen, wie die des Holofernes und der Obersten in Bethulien, fallen gemessen und gezwungen aus. Nicht zuletzt ist die lehrhafte Absicht der Stücke ausschlaggebend für das literarische Milieu. Unverkennbar ist die pädagogische Tendenz in allen Werken. Sie kommt entweder in der Vorrede oder in der Widmung, in der Einleitung oder im Text selbst zum Ausdruck. Auch die äußere zeitliche Umgebung und die Zeitereignisse sind auf die Verfasser dieser Dramengruppe nicht ohne Einfluß geblieben und aus verschiedenen Äußerungen zu entnehmen.

---

[12]) Vgl. Spengler, a. a. O., Seite 41.

Birck[13]) und Schmeltzl schwebte die Türkengefahr[14]) in ihren Stücken vor. Bei dem Anonymus zeigt sich der Einfluß der Reformation schon äußerlich darin, daß ein Teil aus der Vorrede Luthers zum Buch Judith noch vor dem Personenverzeichnis wiedergegeben wird. Die Art der konfessionellen Polemik in den Schuldramen ist ganz geringfügig. So sehr man sich sonst literarischer Waffen im Streit um das religiöse Bekenntnis bediente, im Schuldrama kommt diese Absicht nicht recht zur Geltung. Der polemische Anstrich unterblieb aus Gründen der Erziehung. Dem mangelnden historischen Empfinden des 16. Jahrhunderts entsprechend, bewegt sich die Milieuschilderung und das gesamte Kostüm der dramatischen Bilder im Stil der eigenen Zeit. Deshalb fehlt es nicht an anachronistischen Verstößen. Ausdrücke wie „Schuß, Büchse, Geschütz, Bier" sind keine Seltenheit. Auch finden wir Übertragungen eigener Verhältnisse in altjüdisch-legendare Welt, wenn Birck und Anonymus Leutnant, Feldwebel und Landsknecht als handelnde Personen einführen. Die dramatische Technik ist im allgemeinen der Gesamtpraxis damaliger Zeit entsprechend ziemlich eintönig und unbeholfen. Birck tritt vor den anderen Dichtern noch am meisten hervor durch eigene Erfindung. So läßt er in seiner Szenierung des Trinkgelages den Spielmann auf des Holofernes Geheiß ein Lied singen. Die dritte Strophe spielt auf des Holofernes Liebesbeziehungen an, läßt aber gleichzeitig mit denselben Worten eine bange Ahnung von der Wirklichkeit durchblicken; man kann eine gewisse tragische Ironie daraus erkennen. Auch den Versuch einer dramatischen Retardation macht Birck, wenn er durch den Herold den Holofernes vergeblich warnen läßt, der Jüdin nicht zu viel zu trauen. Mit solchen einfachen, aber doch selbständig erdachten Kunstmitteln überragt Birck die anderen Schuldramatiker. Der Sprachstil der Schuldramen zeigt im allgemeinen wenig individuelle Prägung; Wortwahl und Satzbau erheben sich eigentlich nirgends über den literarischen Gesamttypus dieser Zeit.

MEISTERSINGER- UND VOLKSDRAMA.

Ähnlich wie die Schuldramen bilden drei weitere Stücke des 16. Jahrhunderts eine einheitliche Gruppe, nämlich die „Judith" von Hans

---

[13]) Vgl. auch Wilhelm Creizenach, Geschichte des neueren Dramas, 2. Band, Halle 1901, Seite 116.

[14]) Viel später noch hatte die Niederlage der Türken vor Wien (1683) eine „Comoedia, genannt die heroische Judith, gedeutet auf das durchlauchtigste Hauß Oesterreich, Mayntz 1685" zum Inhalte.

Sachs (1551)[15]) und die Judith-Dramen des Hirschberger Geistlichen Samuel Hebel (1566) und des Laubaner Pfarrers Martin Boehme (1618). Den gemeinsamen Boden dieser drei Stücke bildet im Gegensatz zu den früher erwähnten schuldramatischen Stücken das Überwiegen des volkstümlichen Elements. In zwei Formen tritt uns dieser Dramentypus entgegen: Als Meistersingerdrama, das auf der Grenze von Kunst- und Volksdrama steht, und als reines Volksdrama. Für Hans Sachsens „Comedie" ist die Bezeichnung Meistersingerdrama ohne weiteres gegeben. Für die Werke von Hebel und Boehme (Bohemus) ist eine strenge Klassifikation schwierig, wegen des stark populären Charakters und der vorwiegend volkstümlichen Züge sind sie wohl am besten als Volksdramen zu bezeichnen. Die pädagogische Tendenz der Schulkomödie ist zwar vom Meistersingerdrama „Judith" und den Judith-Dramen Hebels und Boehmes übernommen, kommt aber in den Stücken selbst nicht mehr vor, nur noch im Prolog und Epilog. Der zeitgeschichtliche Einfluß auf die Dichter zeigt sich in der Wirkung des Reformationserlebnisses bei Hans Sachs und Hebel. Hans Sachs spricht in seinen Stücken vom Heiland, ein Begriff, den man zur Zeit der Judith-Geschichte natürlich nicht kannte, der aber besonders durch Luthers Bibelübersetzung im Volke einen neuen Klang erhalten hatte und in der religiös-erregten Zeit eine besondere Rolle spielte. Noch weiter in solcher Sorglosigkeit geht Hebel, der den Hohenpriester von der christlichen Kirche sprechen läßt. Am schärfsten kommt bei ihm der Einfluß der Reformation zum Ausdruck, wenn er im 4. Akt Judith und das Volk ein Lied im Ton „Ein feste Burg" singen läßt. Hier wird Melodie und Versmaß der 12 Strophen dem lutherischen Trutzlied entnommen. Bei Boehme sind unmittelbare Einwirkungen der Reformation, welche zur Zeit der Abfassung seines Stückes (1618) schon ein Jahrhundert zurücklag, nicht zu erkennen. Wie die Reformation, so haben auch die äußeren politischen Zustände in den Werken von Hans Sachs und Hebel insofern einen Niederschlag gefunden, als beiden Dichtern Holofernes als Personifikation der Türkengefahr dient. Schließlich ist die Vorstellungswelt und das Leben ihrer eigenen Zeit für alle drei Dichter vielfach maßgebend gewesen, wenn sie unter Nichtachtung des historischen Hintergrundes ihres Stoffes sich solcher Gebräuche und Stilwendungen bedienen, die in der alttestamentarischen Welt keine Berechtigung haben. Hans Sachs bezeichnet ein Gelage

---

[15]) Hugo Holstein (Die Reformation im Spiegel der dramatischen Literatur des 16. Jahrhunderts, Halle 1886) unterläßt es auffälligerweise, das Stück von Hans Sachs zu erwähnen.

als „fassnacht" und läßt durch „bostboten" zur Verfolgung der Assyrer auffordern, und Hebel läßt den Holofernes einen Taler verschenken. Auch Boehme verfährt unhistorisch, er läßt „von Leder ziehen" und spricht von Geschützen und vom Schießen. Sein Hoherpriester hat Knaben in Kaseln (d. i. Meßgewänder) und Chorröcken bei sich. Auch hinsichtlich der Bühnenverhältnisse und der Requisiten finden wir in allen drei Dramen gleiche Grundlagen. Während das Schuldrama in seinem feineren ästhetischen Empfinden das Bestreben zeigt, allzu rohe Effektmomente beiseite zu lassen, so macht sich ähnlich wie in den Volksbüchern und Schwankerzählungen in diesen Volksdramen die Freude an krassen Situationen ungleich stärker geltend. Dieser prinzipielle Unterschied zeigt sich vor allem in der entscheidenden Totschlagszene, die in den Schuldramen fast immer ganz außerhalb des Gesichtskreises der Zuschauer sich abspielt, dagegen in diesen volkstümlichen Stücken mehr oder weniger im sichtbaren Rahmen der vorgeführten Handlung erscheint.

Wie zeigt sich nun die persönliche Eigenheit der Dichter in ihren Judith-Dramen? Die Komödie von Hans Sachs stammt aus dem Jahre 1551. Schon 1533 hatte er ein Spruchgedicht über den gleichen Inhalt in epischer Form verfaßt. Bei der ungemein großen Produktionsfähigkeit des Dichters ist es kein Wunder, daß er nichts aus diesem früheren Werke wörtlich entlehnt hat. Das Meistersingerdrama „Judith" wurde, wie alle seine Dramen, von Handwerkern gespielt und besitzt im Verhältnis zu den großen Schuldramen nur eine beschränkte Anzahl (16) von mitspielenden Personen. Eine Szeneneinteilung ist nicht gegeben, den Szenen entsprechen lose Bilder, die durch Auf- und Abtreten der Personen markiert werden. Bei aller Beachtung des biblischen Vorbildes bringt der Dichter zwei eigens erfundene Momente, durch die freilich der Gang der Handlung nicht beeinflußt wird. Wie Hans Sachs beim Publikum die richtige Vorstellung der verschiedenen Ortsverhältnisse bei gleichem Bühnenbild voraussetzt, so nimmt er auch auf die Zeitverhältnisse keine Rücksicht. Dafür entschädigt er die Wirklichkeitsfremdheit bezüglich Zeit und Ort bei seinen Zuschauern durch realistisches Zeigen von allerlei Requisiten wie des abgeschlagenen Hauptes, der Waffen und der Beute. Hierdurch trug er der Schaulust und dem Wirklichkeitssinn seiner Gemeinde ausgiebig Rechnung. Die dramatische Technik ist noch nicht recht entwickelt. Die Bilder sind knapp skizziert und die Handlung vollzieht sich fast mehr episch als dramatisch in engster Anlehnung an die Bibel. Ein Aufbau mit aufsteigender und abfallender Handlung sowie der Höhepunkt fehlen. Nirgends sind die Personen genügend charakterisiert, nirgends ist ein Vorgang mit dem anderen innerlich verknüpft oder motiviert. Überall vermißt man die notwendige Folge des einen Geschehens aus dem anderen. Wie die anderen größeren Dramen des Dichters, so kann auch seine „Judith" heute nur noch historisches Interesse beanspruchen. Bei dem mangelnden geschichtlichen Sinn des Dichters ist es kein Wunder, daß er bei einem Stoff, der nicht aus seiner täglichen Umgebung stammt, und dem er im Grunde ganz fremd gegenübersteht, nicht genügend Gelegenheit findet, seine meisterhafte Menschenschilderung und seine treffliche Beobachtungsgabe für das kleinbürgerliche Leben der eigenen Zeit zu zeigen, Vorzüge, die man besonders in seinen volkstümlichen Fastnachtsspielen, dem fruchtbarsten und erfolgreichsten Betätigungsgebiete des Dichters, bewundert.

15 Jahre nach Hans Sachs schrieb Samuel Hebel (1566) seine „Judith". Er stammt aus Hirschberg in Schlesien, war Schulmeister zu Iglau in Mähren und später Prediger in Schweidnitz. 1574 ist er gestorben[16]). Auch in seinem Stück überwiegt das Volksmäßige. Hebels Werk zeichnet sich wie Hans Sachsens Drama durch Knappheit und Kürze aus. Während aber der Nürnberger Meister in der Darstellung seiner Personen im allgemeinen bei der biblischen Vorlage bleibt, sucht Hebel, mehr noch als im Buche Judith erzählt wird, Licht und Schatten einseitig zu verteilen. Holofernes und seine Umgebung werden von vornherein als sündige, großsprecherische Menschen hingestellt, dagegen sind die Bethulier mit vielen Zügen der Frömmigkeit ausgestattet, und Judith erscheint schon bei ihrem ersten Auftreten als die Trägerin des höheren Willens von Gott. Auffällig ist des Dichters Vorliebe für Verwendung von Stellen aus der Heiligen Schrift und die Betonung des Religiösen. Die Gebete (278 Verse) nehmen im Verhältnis zu den Akten (das ganze Stück hat ohne Prolog nur 1106 Verse) einen beträchtlich großen Raum ein. Sie zeigen schon das seelsorgerische Bemühen des Verfassers, der später das Schulkatheder mit der Kanzel vertauschte.

Ein Vertreter des geistlichen Standes war auch Martin Boehme (Bohemus). Ihm wird das 1618 zu Wittenberg erschienene Drama „Holofernes und Judith" zugeschrieben[17]). Er ist 1557 zu Lauban in

---

[16]) Zur Bibliographie des Dichters vgl. Joh. Caspar Wetzels Analecta Hymnica, 1. Band, Gotha 1752, 5. Stück, Seite 69.

[17]) Goedeke, Grundriß, 2. Band, 2. Aufl., Dresden 1886, Seite 376, macht von Boehme ein dreiteiliges Gesamtwerk namhaft, dessen erster Teil „Vom Holofernes und der Judith" heißt. Es scheint jedoch nicht ganz sicher, ob Boehme der Verfasser ist. Die Einzeltitel, welche Goedeke mit des Dichters eigenen Worten innerhalb des Gesamttitels aufführt, stimmen zwar mit dem von mir aus der Landesbibliothek Wolfenbüttel entliehenen Exemplar überein

Schlesien geboren, studierte Theologie in Straßburg, wo er den berühmten Schulmann Sturm kennenlernte, war Schulmeister in Lauban, später dort Diakonus und schließlich Pastor Primarius bis zu seinem Tode 1622. Das volkstümliche Element bei Boehme ist sehr stark ausgeprägt. Das Seelsorgeramt scheint dem Dichter reichlich Gelegenheit gegeben zu haben, mit dem Volk in Berührung zu kommen. Die dabei gemachten Erfahrungen und Kenntnisse bezüglich der Sitten und Denkungsarten spiegelt er, manchmal mit Neigung zur Satire, in seinen Stücken wieder. Mit Behagen malt er, z .B. in einer episodischen Szene das rohe Treiben der Leute des Holofernes, welche den Mund gehörig voll nehmen und sich in großsprecherischen Übertreibungen zu überbieten suchen. Die Vertreter des niederen Volkes in Bethulien geben in dialektischen Einzelschilderungen ein anschauliches und lebensvolles Bild von den Zuständen im Lande. Die satirische Art des Verfassers zeigt sich besonders dort, wo die sittenlosen Gepflogenheiten der Assyrer durch deren eigene Reden charakterisiert werden. — Scherer hatte schon festgestellt, daß im allgemeinen der „Judith" von Boehme Bircks Werk zugrunde liegt. Der Verfasser scheint aber Bircks Drama nur kritisch gebraucht zu haben, wie schon aus der Bereicherung des Stoffes um viele selbst erfundene Züge hervorgeht. Außer den originellen langen Milieuschilderungen und der darin enthaltenen Kleinmalerei bringt Boehme noch andere eigene Gedankenschöpfungen, so eine symbolische Traumerzählung, in welcher ein Lamm dem Löwen den Hals durchbeißt, eine Anspielung auf die Tötung des Holofernes durch Judith.

Auf diese volkstümlichen Stücke mit ihrem starken Abstand von den Schuldramen und vom Humanismus, folgen andere Judith-Dramatiker, die bei Verwendung des gleichen Stoffes andere Ziele im Auge haben.

BAROCKBÜHNE.

Damit wenden wir uns dem Barock zu; seine Dichter suchen die Befriedigung ästhetischer Bedürfnisse zu geben und bevorzugen die gelehrte Dichtung.

In inhaltlicher Hinsicht und auch ideengeschichtlich wurde der Judith-Stoff im Zeitalter des Barock meist unverändert belassen, bezüg-

---

(auch Goedeke gibt das Werk als dort befindlich an); aber jenes von Goedeke erwähnte Gesamttitelblatt für alle drei Werke konnte ich nicht finden. Der Name des Verfassers wird in allen drei Stücken nicht genannt. Auch Scherer (Allgem. Deutsche Biographie, 3. Band, 1876, Seite 59) vermutet nur die Autorschaft von Boehme. Trotzdem kann Boehme auf Grund der knappen Notizen und der Zeit nach der Verfasser sein, eine Annahme, an der hier festgehalten wird.

lich der Form aber sind ganz neue Gestaltungen zu finden. Die Oper „Judith" von Martin Opitz[18]), ein Stück von seinem Schüler Andreas Tscherning und Christian Roses Schauspiel gehören hierher. Alle drei Stücke betonen das Liebesmoment und bringen in Form und Inhalt den aristokratischen Zeitgeschmack zur Geltung. Opitz hatte schon früher des Italieners Rinuccini Oper „Dafne" (Musik von Peri) in das Deutsche übersetzt und so den ersten deutschen Operntext geschaffen. Mit der italienischen Renaissance bekannt geworden, fand er auch die italienische Fassung des Judith-Stoffes, der ihm wohl deshalb wertvoll erschien, weil er geeignet war, auch moralisch auf das Publikum einzuwirken. Die italienische Vorlage „Giuditta" des florentinischen Hofdichters Andrea Salvadori hat Opitz bei Abfassung seines Stückes benutzt, wie Anton Mayer[19]) nachweist. Salvadori hatte sich streng an den biblischen Text gehalten, besonders an die Kapitel 12—15. Opitz hat den Aufbau stofflich so gelassen, nur den zweiten Akt teilt er anders ein. Mit der Textfassung im einzelnen ist er frei umgegangen. Schon im ersten Akt zeigt der Dichter, daß sein Werk wie die im Barockzeitalter bevorzugten Stoffe ein Liebesdrama ist. Aus dem biblischen Wüterich Holofernes macht Opitz einen verliebten Herrn, der seine Getreuen in sein Herzensgeheimnis einweiht. Diese Art der Exposition sichert eine für die Oper nötige Stimmung. Der Feldherr bei Opitz fühlt, daß Judith höher steht als er. Mit solcher Darstellung, die der Dichter weder in der Bibel noch bei Salvadori fand, hat Opitz neue Züge in den Stoff hineingetragen und der Gestalt des Holofernes ein sittliches Prädikat beigelegt. Hatte Holofernes ferner bei der italienischen Quelle von Judith nur Liebe gefordert, so verlangt er jetzt bei Opitz Treue[20]).

Außer in stofflicher ist auch in formaler Beziehung das Nachahmen fremder Vorbilder wahrzunehmen. Den Meister einer Kunstrichtung, der Opitz selbst nachstrebte, sah der Dichter in Ronsard. In ihm sah Opitz das Vorbild, humanistische Bildung mit der nationalen Dichtung der Landessprache zu vereinigen. Ronsards Vorliebe für Horaz und seine anakreontischen Lieder haben auch in „Judith" auf unsern schlesischen Dichter gewirkt, z. B. im Lied des Chores der Wache mit dem Preis von Liebe und Wein und dem Hervorheben mythologischer

[18]) Opitzens Oper wird schon hier statt bei den musikalischen Bearbeitungen erwähnt, weil gerade die musikalische Form der Oper eine besondere Errungenschaft der Barockkultur darstellt und Opitz als einer der Hauptvertreter dieser ganzen Literaturbewegung zu gelten hat.

[19]) „Quelle und Entstehung von Opitzens Judith", Euphorion, Band 20, Leipzig und Wien 1913, Seite 39 ff.

[20]) Anton Mayer, a. a. O., Seite 41.

Begriffe. Die wertvollste Eigenheit der dichterischen Reformbewegung jener Zeit in Deutschland, die Reinhaltung der deutschen Sprache von Fremdwörtern, ist auch in Opitzens „Judith" deutlich zu erkennen. Andererseits bleiben aber die Merkmale der gemacht-gelehrten Dichtung überall bestehen. Opitz kann sich kaum genug tun in der Anwendung gelehrter Ausdrücke. Er entfaltet eine äußerst reiche Kenntnis von Länder- und Flußnamen und von den verschiedensten Mythologien. Hier übertrifft er sein Vorbild Salvadori in erheblichem Maße[21]). Ein weiteres Symptom des neuen Stils bei Opitz ist die vermehrte Anwendung der Epitheta, die in den volkstümlich-einfachen Stücken ziemlich entbehrlich waren. An den Barockcharakter gemahnt auch die starke Antithese, die charakteristisch ist für das Bedürfnis der Zeit nach Symmetrie. Auch die reichliche Benutzung des Alexandriners hat ihren inneren Grund in der Vorliebe für solches Gleichmaß. Waren die genannten formalen Züge meist Allgemeingut jener Zeit und durch stilhistorische Einflüsse bedingt, so tritt doch in der Fülle von Bildern und Vergleichen auch der persönliche Stil des Dichters hervor. Namentlich an lyrischen Stellen arbeitet Opitz mit solchen Mitteln in geschickter Weise, indem er die Richtung der Quelle auf bildhafte Ausdrucksweise noch verstärkt. Für Vergleiche aus der Natur zeigt er eine besondere Neigung, meist sind sie mit antiken mythischen Vorstellungen verbunden. Andererseits führt der Dichter aber in Anlehnung an diese Vorbilder gegenüber der Quelle auch neue Bilder und Vergleiche ein. Dem Geschmacke des Publikums, das für seine Oper in Betracht kommt, sucht Opitz in jeder Weise gerecht zu werden. Das Werk ist Frau von Kolowrath gewidmet, die schlesische Aristokratie wird seine Zuschauerschar gebildet haben. In den Kreisen der Vornehmen hatte die Oper als neue dramatische Form großes Interesse geweckt. Man führte sie bei festlichen Anlässen auf, war ihr doch durch die Musik von vornherein ein feierliches Gepräge und die Gelegenheit zur Entfaltung von Glanz gegeben. Die Aufführung hat man sich während der Festtafel vorzustellen, wobei es möglich war, rasch Kulissen im Saale aufzurichten und das Stück innerhalb geringer Zeit zu spielen. Die drei kurzen Akte von Opitzens „Judith" (im ganzen 620 Verse) scheinen diese Bedingungen auch völlig zu erfüllen. Mit Rücksicht auf den Geschmack des Publikums bevorzugte die Kavaliersdichtung Stücke mit Personen vornehmen und hervorragenden Standes. Findet man auf der einen Seite den gewaltigen Feldhauptmann des Königs Nebucadnezar, so trifft man auf seiten der Juden Judith, die zwar keine Fürstin, wohl aber eine aristokratische

---

[21]) Vgl. Anton Mayer, a. a. O., Seite 46.

Vertreterin ihres Volkes ist und im ganzen Stücke abweichend von der Bibel eine ganz unbürgerliche Haltung einnimmt. Die Bevorzugung von Personen vornehmen Standes erweist sich ferner an dem ganzen Chor gefangener Könige, welchen Opitz einführt. Das Stück endet mit einer apotheose-artigen Verherrlichung Judiths; vielleicht ist Margarethe von Kolowrath der Mittelpunkt des Festes, wo „Judith" zur Aufführung gelangte, gewesen, rühmt doch im Vorwort der Dichter seiner Gönnerin dieselben trefflichen Eigenschaften nach wie der Heldin seines Stückes. Der Verfasser des Buches von der Deutschen Poeterei weicht in seiner „Judith" von seiner Theorie insofern ab, als er hier, nicht wie dort das Epos an erste Stelle setzt, sondern das Schauspiel, wie er im Vorwort zu seinem Singspieltext sagt. In metrischer Hinsicht erfüllt Opitz die Forderungen, die er im 7. Kapitel seiner Poeterei verlangt. Es gibt im Stücke nur Alexandriner, Jamben und Trochäen. Die Achior-Episode hat Opitz ganz weggelassen, um, den Operncharakter wahrend, nur den Kern des Geschehens, die Liebestragödie Holofernes-Judith wiederzugeben. Persönliches Erleben und eigene Erfahrung spielen bei Opitzens gelehrter und konventioneller Dichtung naturgemäß nur eine geringe Rolle. Die Ereignisse des Dreißigjährigen Krieges haben aber den Dichter, wie er in der Vorrede selbst erwähnt, mit veranlaßt zur Abfassung seines Werkes. Und so ist seine Oper eine symbolische Darstellung dessen, wie sich Opitz die Befreiung des Vaterlandes denkt. Bei den allgemeinen Kulturzuständen Deutschlands in jener Zeit ist es erklärlich, daß es hier noch keine eigene Oper geben konnte, und daß man sich mit dem begnügte, was das Ausland bot. Auf dem Gebiete der Musik[22]) lagen die Dinge ganz ähnlich wie auf dem der Literatur: Hier wie dort sind Rezeption des Fremden ohne völkische innere Belebung, schwunglose Gelehrsamkeit und Verzicht auf eigene Beseelung die gleichen Erscheinungen

1642 ließ Andreas Tscherning[23]) seine Oper „Judith" erscheinen.

---

[22]) Die italienische Oper hatte überall ihren Einzug gehalten, ohne das ihr Wesenseigene aufzugeben. Heinrich Schütz war einer der wenigen, die trotz der verarmten Zeit die in Italien herrschenden Musikrichtungen an Ort und Stelle zu studieren Gelegenheit hatten. Wie Opitz den Text von Salvadori in seiner „Judith" verwendet hatte, so konnte sich Schütz musikalisch an sein Komponistenvorbild Peri bei Tonsetzung der „Dafne" (ital. Text von Rinuccini) halten. Es liegt nahe, daß Opitzens „Judith" ebenfalls von Schütz komponiert ist. Ein Beweis dafür kann nicht erbracht werden. — Die Musik zum italienischen Original von Salvadori stammt von Marco da Gagliano. (Vgl. A. Mayer, a. a. O., Seite 39.)

[23]) Vgl. auch Hans Heinrich Borcherdt, Andreas Tscherning, München 1913.

Sein Stück ist eine Hinzudichtung zu Opitzens Singspiel. Nur die beiden ersten Akte und der dritte Akt (bis zu Vers 831) sind eigene, originale Schöpfung, während von da ab Opitzens Text einsetzt. Im dritten Akt nämlich schafft Tscherning die unmittelbare Überleitung zu Opitzens Werk, indem er schildert, wie Judith, im assyrischen Lager von Wächtern aufgefunden, angibt, sie wolle den Feldherrn über die Zustände in Bethulien berichten. Bereits in der Vorrede hatte Tscherning zugegeben, daß er seinen Meister Opitz nicht erreichen könne, und daß er fleißig Opitzianische Redensarten gebraucht habe. — Schließlich gehört dieser Barockgruppe noch das Drama von Christian Rose[24]) an. Sein „Holofern" aus dem Jahre 1648 erweckt ebenfalls heute nur noch historisches Interesse, da ihm ein ästhetisch-literarischer Wert nicht zugebilligt werden kann. Als Quelle hat ihm die durch Tscherning erweiterte Judith-Bearbeitung von Opitz gedient. Stilistisch ist Rose literarischer Nachahmer von Johann Rist. Aber er hat in seiner rein didaktischen und phantasielosen Art sich damit begnügt, nicht einmal die dichterischen Bestandteile von Rist zu übernehmen, sondern sie an der betreffenden Stelle nur anzudeuten, wobei er dazu auffordert, bei Rist selbst nachzulesen. Das von Rist übernommene burleske Zwischenspiel aus dessen Tragödie „Perseus" durchzieht als Stamm einer Nebenhandlung den „Holofernes" bis zum dritten Hauptsatze. Mit der Neigung, die Handlung so zu überladen, folgte Rose dem Geschmack der Barockzeit, die solche Doppelhandlung im Drama liebte.

JESUITENTHEATER.

Im Jesuitentheater ist das Judith-Motiv in dramatischer Darstellung außerordentlich häufig zu finden. Das Vorbild der Jesuitendramen war das humanistische lateinische Schuldrama; in dessen pädagogischer Tendenz fand der Jesuitenorden das geeignete Muster für seine Zwecke. Die Jesuiten gestalteten das Schuldrama für ihren eigenen Unterricht neu, um ihre Kollegien zu empfehlen, die, in geistvoller und großzügiger Weise betrieben, einen manchmal gefährlichen propagandistischen Anstrich erhielten, wenn man sich auch einer direkten Polemik gegen andere kirchliche Richtungen im allgemeinen wohl aus erzieherischen Gründen mit Rücksicht auf die Jugend enthalten haben mag. Doch wählte man Stoffe, die zur Verbreitung von Lehren der katholischen Kirche geeignet waren, oder in deren Gewand sich die

[24]) Über Roses Leben und seine Schauspiele schrieb Heinrich Begemann: M. Christian Roses Geistliche Schauspiele S. Theophania und Holofern (Beilage zum Jahresbericht des Friedr.-Wilhelm-Gymnasiums zu Neuruppin, Ostern 1913).

katholischen Anschauungen symbolisieren ließen. Die Aufführungen fanden als Privatveranstaltungen in den Klassen oder in der Aula und als öffentliche Darstellung auf dem Marktplatz anläßlich von Preisverteilungen an Heiligentagen statt. Wie viele Stoffe der Bibel, so war auch das Judith-Motiv zu solchen Aufführungen geeignet. Die Grundzüge aller Jesuitenstücke weisen große Ähnlichkeit auf.

Eine Darstellung derjenigen Judith-Dramen, welche in der Schweizer Spielgruppe enthalten sind, muß leider unterbleiben, da mir zur Zeit das betreffende Material[25]) nicht zugänglich gemacht werden konnte. Die hierdurch notwendig entstehende Lücke verbietet auch, den Zusammenhang einiger Jesuitendramen mit Stücken der Schweizer Spielgruppe zu zeigen. Die Ergebnisse der Nachforschungen nach den Schweizer Stücken seien hier kurz zusammengestellt: Das große Luzerner Osterspiel, das etwa von der Mitte des 15. Jahrhunderts bis in den Anfang des 17. Jahrhunderts in wechselnden Redaktionen gegeben wurde, enthielt in abgerundeten dramatischen Bildern die biblischen Geschichten vom Paradies bis zur Ausgießung des Heiligen Geistes[26]). Die einzelnen Bilder dieser dramatischen Revue wechselten von Spielzeit zu Spielzeit oder sie blieben fest, je nach Geschmack und Ansicht der Regenz (Spielleitung). Innerhalb dieser Luzerner Osterspiele wurde 1597 auch „Judith" gespielt. Diese Szene bildete also ein dramatisches Bild in der ganzen Revue. Die Aufführung von 1597 schloß sich bis auf „Judith" (und „Esther"), welche erst 1597 hinzukam, eng an eine solche von 1583 an, und die geringen Regieänderungen, sowie alles, was sich auf die hinzugekommenen Partien („Judith") bezog, wurde in den „Denckrodel der Stände, Plätze" usw. (Bürgerbibliothek Luzern, H. S. fol. 172 fol. V) eingetragen[27]). Ob der Text von 1597 erhalten ist, läßt sich mangels Augenscheines nicht nachprüfen. Renward Brandstetter[28]), welcher eine Wiedergabe *„Der gesamten Denckrödel der Kleidung und Ausrüstung der Agenten, deren wir aus den Jahren 1545, 1560, 1583 und 1597 besitzen"*, veröffentlicht, erwähnt von einem Text aus dem Jahre 1597 nichts. Hingegen gibt er die äußere Aus-

[25]) Vorhanden in der Bürgerbibliothek Luzern bzw. in der Bibliothek des Benediktiner-Klosters Engelberg. Beide Bibliotheken liehen ihre wertvollen Handschriften nicht aus.

[26]) Vgl. Vogt und Koch, Geschichte der deutschen Literatur, 1. Band, 4. Auflage, Leipzig 1919, Seite 270.

[27]) Diese Nachrichten verdanke ich Herrn Professor Dr. Josef Nadler.

[28]) Die Luzerner Bühnen-Rodel (Germania, Vierteljahrsschrift für deutsche Alterthumskunde, XXX. Jahrgang, Neue Reihe XVIII. Jahrgang, Wien 1885, Seite 205 ff.).

stattung der Judith wieder[29]). Auf dieser Spielpartie „Judith" im Luzerner Osterspiel von 1597 scheint die ganze Gruppe der Schweizer Judith-Dramen zu fußen. Am 21. und 22. Mai 1647 wurde nach P. Gall Morel[30]) auf dem Mülliplatz zu Luzern gespielt: „*Tragoedia mundi oder Lauf der jetzigen Welt, durch Untergang Königs Arphaxad, Hochmuth König Nebucadnosors, Wütherey Holofernis und Starkmüthigkeit der Heldin Judith*". (Handschriftlich in der Bürgerbibliothek Luzern)[31]). Unter demselben Datum (21. und 22. Mai), aber vom Jahre 1651, gibt P. Gall Morel[32]) ein gleiches Luzerner Stück an: „*Tragoedia mundi oder der Lauf der jetzigen Welt*"[33]). Die genannten Spielgruppen von 1647 und 1651, in ihrer Art Trilogien, scheinen die Vorlage zu sein für eine Neubearbeitung von 1755. Nach Alois Lütolf[34]) gehörte die Handschrift von 1755. „*Ein Comödia oder christliches Schauspihl von dem Arphaxat, ein Künig der Medyer. — Und auch von der Heldenmüthigen Judith, wie selbe den Holofernen überwunden*" dem Mathias Schmidli[35]) in Ruswil, „der, wie bezeugt, sie eigenhändig im Jahre 1755 geschrieben hat". Wer die Erben von Schmidli zur Zeit der Abfassung des Aufsatzes (1868) waren, gibt A. Lütolf nicht an[36]). Zu Anfang des 17. Jahrhunderts kamen die Jesuiten nach

---

[29]) R. Brandstetter, a. a. O., Seite 342 ff.

[30]) Zusätze und Nachträge zu der Abhandlung: Das geistliche Drama, vom 12.—19. Jahrhundert, in den fünf Orten und besonders in Einsiedeln, im XVII. Band des Geschichtsfreundes, Einsiedeln 1861 (= Geschichtsfreund, XXIII. Band, Einsiedeln 1868, Seite 223).

[31]) Geschichtsfreund, XXIII. Band, Einsiedeln 1868, Seite 223.

[32]) Geschichtsfreund, XVII. Band, Einsiedeln 1861, Seite 126.

[33]) Emil Weller (Das alte Volkstheater in der Schweiz, Frauenfeld 1863, Seite 276) sagt davon genauer: „Am 21. und 22. Mai 1651 auf dem Mülliplatz: Tragoedia mundi od. Lauf der jetzigen Welt, durch Untergang Königs Arphaxat, Hochmuth Nebucadnosors, Wütherey Holofernis und Starkmüthigkeit der Heldin Judith. — Weller nennt auch den Aufbewahrungsort: Handschriftlich in der Bürgerbibliothek Luzern. Dieses Stück nennt Weller mit bei Dramen, welche von Jesuitenschülern aufgeführt wurden. Bei „Tragoedia mundi" sind aber Jesuiten nicht ausdrücklich genannt.

[34]) Aus der früheren Schaubühne der Stadt und Landschaft Luzern (Geschichtsfreund, XXIII. Band, 1868, Seite 186).

[35]) A. Lütolf, a. a. O. (Geschichtsfreund, XXIII. Band, 1868, Seite 202).

[36]) a. a. O., Seite 202. — Herrn Geheimrat Johannes Bolte, Berlin, welcher die Handschrift von 1755 an Ort und Stelle selbst eingesehen hat, verdanke ich die Nachricht, daß sich das Manuskript unter der Signatur: AddMs. 29 753 im Britischen Museum zu London befindet. E. Purdie, a. a. O., Seite 17, Nr. 66, scheint dies entgangen zu sein. — I. Baechtold (Deutsche Handschriften aus dem Brit. Museum, 1873) erwähnt die Handschrift nicht.

Luzern[37]), wo sie eine bedeutende Schule eröffneten und, wie überall, das Theater pflegten. Durch die Jesuiten, die dem alten Volks- und Schultheater starke Konkurrenz machten, ging auch das Luzerner Osterspiel allmählich ein. Jedoch übernahmen die Jesuiten mancherlei Stoffe daraus und bearbeiteten sie in ihrer Art. So wurde am 28. Juli oder 28. August (nach Purdie, a. a. O., Seite 11 Nr. 39) 1650 ein Jesuitenstück „Judith" gespielt[38]). Wären die genannten Handschriften zugänglich gewesen, so hätten noch folgende Verhältnisse klargestellt werden müssen: I. Geht die „Judith" 1755 über das Luzerner Spiel 1647 auf die Judith-Partie von 1557 zurück? II. Sind die Spiele von 1647 und 1651 gleich oder in welcher Beziehung stehen sie zueinander? III. Wie sind in die Reihe der Schweizer Gruppe das Luzerner Jesuitenstück von 1650 und das von 1658 (vgl. Anm. 38) einzufügen? Was die übrigen Jesuitenstücke, von denen die Texte oder wenigstens die Programme, mit Ausnahme des von 1642, erreichbar waren, anlangt, so sind folgende zu nennen (ihre Bibliographie befindet sich auf Seite 55):

Der von Benediktinern verfaßte Salzburger Holofernes von 1640[39]),
Von Holoferne, Ingolstadt 1642,
Ein Stück von Nicolaus Avancinus, Wien 1643,
Juditha et Holofernes, Landshut 1654,
Victrix fiducia Bethuliae, München 1679,
Victrix fiducia Bethuliae, Augsburg 1693,
Judithae de Holoferne triumphus, Heidelberg 1720.

Ein Vergleich der Dramen von 1679 und 1693 ergab, daß diese beiden Werke wörtlich übereinstimmen. Für 1714 gibt Bahlmann[40]) noch ein Jesuitenstück in Jülich an, das dort auch aufbewahrt sei: *„Judith sua in Deum fiducia de Holoferne triumphans ... exhibita a Juliae inventute"* (lateinisch und deutsch). Endlich erwähnt sei noch

---

[37]) Vgl. Josef Nadler, Literaturgeschichte der deutschen Stämme und Landschaften, I. Band, Regensburg 1912, Seite 298.

[38]) Diese Nachricht verdanke ich einer Mitteilung des Herrn Professor Dr. Josef Nadler, Königsberg i. Pr. Das Programm zu dem Jesuitenstück 1650 bei David Hauth in Luzern gedruckt, 12 Seiten, soll nur die Bibliothek des Benediktiner-Klosters Engelberg unter H. P. Miscellanea 6. Stück besitzen, auch der Text „Judith metrice" soll in der Engelberger Bibliothek erhalten sein unter cod. 368. Eine Überprüfung war nicht möglich, da die Bibliothek in Engelberg diesbezügliche Fragen unbeantwortet ließ. Das Jesuitendrama „Judith" 1650 wird übrigens weder von P. Gall Morel (Geschichtsfreund, XVII. Band, Seite 75 ff., und XXIII. Band, Seite 219 ff.) noch von Emil Weller (Annalen der poetischen National-Literatur der Deutschen im 16. und 17. Jahrhundert, 2. Band, Freiburg i. B. 1864, Seite 274 ff.) erwähnt. Auch Bahlmann, a. a. O., und Nadler, a. a. O., nennen dies Stück nicht. — E. Purdie (a. a. O., Seite 11, Nr. 39 und 40) hat in Engelberg mehr Glück gehabt.

ein Jesuitenstück, welches 1754 zu Düsseldorf gespielt wurde: *„Die über Holofernes obsiegende Judith, vorgestellt von einer Jugend der fünften Schule, bey denen P. P. der Gesellschaft Jesu binnen Düsseldorff, der 25. und 26. Herbst-Monath 1754“* (Deutsch)[41]). Von den Verfassern der eigentlichen Jesuitenstücke über Judith ist nur einer: Avancinus bekannt. Sein Werk und die Heidelberger Handschrift von 1720 — beide in lateinischer Sprache gehalten — sind auch im vollständigen Texte überliefert. Daß von den übrigen Judith-Dramen der Jesuiten, deren Verfasser meist unbekannt sind, nur die Programme (Synopsen oder Periochen) erhalten sind, scheint darauf zu beruhen, daß die Texte der Jesuitentheater oft handschriftlich von Ort zu Ort wanderten, was der rege Wechsel der einzelnen Ordensmitglieder innerhalb der verschiedenen Jesuitenhäuser mit sich brachte. Außerdem wurden die Stücke meist nur gedruckt, wenn der betreffende Dichter seine Werke gesammelt herausgab, wie es z. B. bei Avancinus der Fall ist. Hingegen druckte man für jede Aufführung ein Programm, welches in gedrängter Form, häufig lateinisch und deutsch, eine Inhaltsangabe der Handlung, sowie ein Personenverzeichnis enthielt. Die Programme sind die einzigen und wichtigsten Quellen für die Kenntnis der meisten Stücke, da die wenigen Handschriften oder gar Drucke nur einen geringen Teil jener dramatischen Tätigkeit erkennen lassen. Wegen der Seltenheit der Dramen, die schwer einzusehen sind, habe ich in meiner Dissertation 1922 die Programme einzelner Stücke teilweise wiedergegeben[42]), die wegen Mangel an Raum hier nicht aufgeführt werden können. Purdie, a. a. O., Seite 139, bringt einen vollständigen Abdruck von Victrix Fiducia Bethuliae, München 1679.

In allen Stücken ist die eigentliche biblische Handlung der Judith-Legende in ihren Hauptzügen wiedergegeben. Wo eine Bereicherung

---

Purdie gibt von beiden Stücken die genaue — von mir etwas abweichende — Bibliographie wieder. Das Aufführungsdatum ist demnach der 28. August (nicht 28. Juli). — P. Gall Morel, a. a. O., erwähnt noch vom Jahre 1658 ein Jesuitenstück, das sich auch handschriftlich in Luzern befinden soll. Purdie führt dieses nicht mit auf.

[39]) Benediktiner und Jesuiten tauschten vielfach ihre Spielpläne miteinander aus (vgl. Nadler, a. a. O., III. Bd., S. 104). — Wie sich der Salzburger „Holofernes“ von 1640 zur Spielgruppe der Schweiz verhält, läßt sich wegen der Unzugänglichkeit des Schweizer Materials nicht feststellen.

[40]) Jesuitendramen der niederrheinischen Ordensprovinz (Zentralblatt für Bibliothekswesen, Beihefte, 6. Band, Leipzig 1896 und 1897, Seite 60), vgl. auch Josef Kuhl, Geschichte der Stadt Jülich, insbesondere des früheren Gymnasiums zu Jülich, II. Teil, Jülich 1883, Seite 262.

[41]) Das Drama befindet sich im Staatsarchiv Düsseldorf, vgl. Bahlmann, a. a. O., Seite 34.

in stofflicher Hinsicht erfolgt ist, handelt es sich meist um eine Hinzudichtung, die als Nebenhandlung erscheint und nur im mittelbaren Zusammenhang mit dem biblischen Vorwurf steht. Lediglich Avancinus bringt aus dramatisch-technischen Gründen Variationen. Hingegen sind es die Formelemente, die eine Wandlung im Gegensatz zu den früheren Judith-Dramen aufweisen. Der Gesamtcharakter der Jesuitendramen ist barock. Neben der Absicht, die Vorzüge und Erfolge solcher Handlungen zu zeigen, ging ein zweiter Zweck einher: die Wirkung auf die breiten Massen, und dem barocken Charakter der Stücke entsprechend war die Wirkung vielfach auf das Äußere gerichtet. Da die Stücke anfänglich[43]) nur in lateinischer Sprache geschrieben und gespielt wurden, und da die deutschen Zusätze nur eine Übersicht gaben, ohne als Kommentar für die einzelnen Rollen zu dienen, so mußte alles Sinnfällige in den Vordergrund treten und die des Lateins unkundigen Zuschauer mitreißen[44]). So ließen es denn die Jesuiten an Effektvollem nicht fehlen, Mimik, Tanz, Vokal- und Instrumentalmusik, drastische Zwischenspiele mit lustigen oder derb-komischen Einlagen, große prunkende Ausstattung, Chöre, die hie und da schon den Charakter des Ballets tragen[45]), sind dazu angetan, den Sinnen das zu übersetzen, was infolge mangelnder Sprachkenntnis vom Publikum nicht immer aufgenommen werden konnte. Auf die durchschlagende Wirkung der äußeren Mittel schien man auch bei den in deutscher Sprache aufgeführten Jesuitenstücken keinen Verzicht mehr leisten zu wollen. Abgesehen von den theatralisch-äußerlichen Momenten weisen namentlich zwei Merkmale auf den barocken Charakter der Jesuitenstücke hin: Die reiche Verwendung von allegorischen Personen und die verschnörkelten und verschlungenen Handlungen, welche vielfach zwei Handlungsstämme enthalten: eine biblische und eine mythologisch-allegorische[46]). Allegorische Personen finden sich schon bei dem Salzburger „Holofernes" 1640, zum

---

[42]) Nur skizziert wie bei den meisten Jesuitenstücken ist der Gang der Handlung eines Türkenspiels aus dem Jahre 1685. Das Stück ist eins der beliebten Mischspiele. Zwischen den Szenen der ernsten Handlung treiben die Schalksnarren ihre Späße. (Vgl. die Einleitung des Neudrucks Seite IV; enthalten in: Wiener Neudrucke 8 = Vier dramatische Spiele über die zweite Türkenbelagerung aus den Jahren 1683 bis 1685, Wien 1884.)

[43]) Vgl. P. Bahlmann, Das Drama der Jesuiten (Euphorion, 2. Band, 1895, Seite 273).

[44]) Vgl. W. Flemming, Andreas Gryphius und die Bühne, Halle 1921, S. 110.

[45]) W. Flemming, a. a. O., Seite 111.

[46]) Vgl. auch Jakob Zeidler, Studien und Beiträge zur Geschichte der Jesuitenkomödie und des Klosterdramas, Hamburg und Leipzig 1891, Seite 17.

Beispiel der Schutzengel und seine Gegenfigur der „Königliche Prophet David aus der Vorhölle". Das Stück von 1642 hat eine „Göttliche Fürsehung" die als „Providentia" in der Heidelberger Handschrift von 1720 wiederkehrt. Ferner treten dort verschiedene Länder, die Holofernes unterworfen hat, als allegorische Personen auf. Ähnlich verhält sich Avancinus. Das Landshuter Drama 1654 verwendet schon im Prolog allegorische Personen wie den Übermut, die göttliche Hoffnung, die strenge Gerechtigkeit. Göttliche Rache und Zuversicht bestrafen den Holofernes im jenseitigen Leben. Auch in den Stücken von 1679 und in der Heidelberger Handschrift 1720 sind solche Allegorien zu finden. Die verschlungenen Handlungen, welche zu der barocken Struktur der Dramen beitragen, kehren in allen Stücken wieder. So enthält zum Beispiel das Salzburger Drama von 1640 eigentlich drei, innerlich selbständige Handlungen. Einmal dient der Haupthandlung selbst das Judith-Motiv, lose eingefügt sind sodann die allegorisierenden Szenen, welche nur mittelbar zum Stücke gehören, während die dritte Handlung komischen Charakter trägt und zur Unterhaltung der Zuschauer anekdotische und humoristische Episoden bringt, die gleichzeitig der Milieuschilderung dienen. Ähnlich sind die Verhältnisse bei dem Stück von 1642 bezüglich der allegorisierenden Auftritte. Während aber das Komische hier nicht zum Ausdruck kommt, wird durch Einführung des Malazar, der den Holofernes vor Judith vergeblich warnt, ein retardierendes Moment geschaffen. Des Avancinus allegorische Personen haben ebenfalls eine eigene Handlung. Eine ähnliche Rolle wie Malazar im Stücke von 1642 spielt Rison bei Avancinus. Selbst die wenigen allegorisierenden Szenen bei Avancinus bleiben in unmittelbarem Zusammenhang mit dem Ganzen. Nähere Verwandtschaft mit dem Salzburger Stück weist die Landshuter „Judith" von 1654 auf. Hier werden auch neben dem Hauptgeschehen und den allegorisierenden Momenten komische Zwischenauftritte veranstaltet. In den gleichen Stücken von 1679 und 1693 überwiegen wieder die Auftritte mit allegorischen Personen neben der Haupthandlung, während das Komische fast ausgeschaltet ist. Hier findet man ebenfalls das Motiv der Warnung. Diesmal ist es in einen Traum des Holofernes gekleidet. Die Heidelberger Handschrift von 1720 ist ähnlich wie das lateinische Werk des Avancinus im Aufbau gehalten. Die Handlung bewegt sich unkompliziert in gerader Richtung und wird unter völligem Verzicht auf Nebenmotive in knappen drei Akten rasch zu Ende geführt. Nach der Skizzierung des Typischen und Gleichmäßigen der Jesuitendramen in bezug auf Manier und Stil ist noch darauf hinzuweisen, daß Avancinus in seinem Werk nicht nur der Tradition, der Mode und dem damaligen Zeitgeschmack gefolgt ist, sondern daß er auch über eigene Erfindungsgabe verfügte. Wenn er stofflich abweichend von den anderen Jesuitendramen seiner Zeit die biblische Vorlage in der Achior-Episode geändert hat, so bringt er damit eine geschickte Bestätigung von Achiors Behauptungen und erweckt so für diesen von vornherein eine größere Teilnahme. Der Dichter beginnt nämlich sein Werk gleich mit dem Augenblick, wo Achior bereits zur Strafe für seine Warnungen vor den Juden an einen Baum gebunden ist. Dann finden Soldaten, welche der Stadt Bethulien den Wasserzufluß untergraben, nachdem Achior schon im Gewahrsam der Juden ist, Steine, auf welchen Begebenheiten aus der Geschichte des jüdischen Volkes, wie die unversehrte Durchschreitung des Roten Meeres und der Untergang der Ägypter abgebildet sind. Aber Holofernes verachtet die Tatsache, daß den Juden ihr Gott schon aus größerer als der gegenwärtigen Not geholfen habe. Achiors Warnungen finden also durch diese Veränderung des Stoffes seitens des Dichters noch eine besondere Erhärtung. Später wird eine ähnliche äußere Begebenheit, wo die Juden ein Bild des Moses finden, den Juden zum guten Vorzeichen. Abgesehen von der erwähnten Besonderheit bei Avancinus kann man zusammenfassend von den Jesuitendramen sagen, daß sie kaum eine persönliche Note ihrer meist unbekannten Verfasser besitzen, und daß sie im allgemeinen schablonenmäßig-gleiche Prägung tragen. Sie sind, mit verschiedenen Gattungen von Theaterstücken verwandt, eine eigenartige Mischung von mancherlei Dramengattungen und in dieser Komposition zum besonderen Typus geworden. Ihre Wurzeln gehen auf das Schuldrama zurück, mit dem sie die deklamatorisch-pädagogischen Ziele gemeinsam haben, in religiöser Beziehung sind die tendenziös zur Fürsprache für die katholische Kirche gestaltet, während ihr theatralischer Charakter zum Singspiel und zur Oper neigt. Wir wenden uns nun denjenigen Judith-Bearbeitungen seit dem 18. Jahrhundert zu, welche für ausschließlich musikalische Zwecke verfaßt worden sind. Es handelt sich um Opern, Singspiele und Oratorien.

MUSIKALISCHE BEARBEITUNGEN.

Bei der Einführung der aus Italien stammenden Oper in Deutschland hatte schon Opitz[47]) 1627 („Daphne") Gevatter gestanden und 1635 selbst einen Operntext „Judith" geschaffen. Da Opitz gleichzeitig mit dem Komponisten zusammenarbeitete, jedenfalls nicht für die fertige italienische Komposition, sondern für eine neu zu schaffende deutsche

[47]) Vgl. Vogt u. Koch, Geschichte der deutschen Literatur, 2. Band, 4. Auflage, Leipzig 1918, Seite 95.

Tonsetzung den Text geschaffen hat, wurde seine „Judith“ bereits an anderer Stelle dargestellt. Hier soll mehr von solchen Textdichtungen die Rede sein, bei denen der musikalische Rahmen, der mehr oder weniger schon vollendet war, das Primäre bedeutet, während das Libretto nach Maßgabe dieses Rahmens eingefügt werden sollte, im Ausdruck also der Musik untergeordnet, sich dieser anpassen mußte. Die Zahl der Bearbeitungen des Judithstoffes für musikalische Zwecke ist sehr groß. Der einheitliche Gesamtcharakter der hier zur Besprechung kommenden Stücke, seien es Singspiele, Oratorien oder Opern, ist immer das musikalische Element, hinter welchem der literarische Wert und Gehalt meist zurückstehen. — Die Pflegestätten der Oper und des Singspiels waren nach ihrer Einführung in Deutschland namentlich die Höfe zu Wien und Dresden, München und Braunschweig geworden. Doch herrschte dort die Oper italienischer Sprache noch bei weitem vor. Nur in Hamburg, wo 1678 ein Theater entstand, wurden häufiger deutsche Opern gegeben. Freilich war es auch hier keine Seltenheit, daß man die Arien italienisch, die Rezitative deutsch sang, und daß in demselben Stücke Hoch- und Plattdeutsch Verwendung fand[48]). In Hamburg schrieb im Jahre 1720 Joachim Beccau ein Singspiel „*L'amor insanguinato oder Holofernes*“. Beccau gehörte zu jenem Kreise von Komponisten und Dichtern, an deren Spitze Gerhard Schott, der Begründer der Hamburger Oper stand[49]) und welchem als die bekanntesten von Dichtern Postel, Feind und Hunold (Menantes), von Komponisten Keiser, Thelemann, Theile, Conradi, Mattheson, ja später Händel angehörten. Dieser Zirkel von Schriftstellern und Tondichtern hatte anfänglich fast gewerbsmäßig die Operndichtung betrieben[50]) und mit dem neu geschaffenen Typus wirklich geraume Zeit die deutsche Literatur beeinflußt. Es ist bekannt, daß Postel und Hunold von Christian Wernigke in Streitgedichten, welche von ihrer Seite nicht unbeantwortet blieben, wegen ihrer angeblichen „Hofmanswaldauischen Schreibart“ angegriffen wurden[51]). Beccaus Stil, der aus der gleichen geistigen Atmosphäre stammt wie die Manier von Hofmanswaldau und Lohenstein, trägt stark barockale, ja marineske Züge[52]). Bei Beccau finden sich nicht

[48]) Vgl. H. M. Schletterer, Das deutsche Singspiel, Augsburg 1863, Seite 76, auch H. Hettner, Literaturgeschichte des 18. Jahrhunderts, 3. Teil, 1. Buch, Braunschweig 1872, Seite 197.

[49]) Goedeke, Grundriß zur deutschen Dichtung, 3. Band, 2. Auflage, Seite 331.

[50]) H. M. Schletterer, a. a. O., Seite 76.

[51]) Vgl. Vogt und Koch, a. a. O., 2. Band, 4. Auflage, Leipzig 1918, Seite 72.

[52]) Vgl. auch H. Hettner, a. a. O., Seite 198.

nur im Titel, sondern auch im Stücke selbst noch italienische Stellen bei einigen Arien, Ariosi und Duetts, der danebenstehende deutsche Text gibt das entsprechende Rezitativ an. Als Norddeutscher hat Beccau an wenigen Stellen auch das Plattdeutsche verwendet. So singt Evil, ein lustiger Assyrer, in plattdeutscher Mundart. — In der Vorrede an den Leser teilt der Dichter mit, wie er sich zu seiner Quelle, der Bibel, verhalten habe. Er habe große Ursache gehabt, an der Wahrheit dieser Geschichte zu zweifeln, und er hielte es deshalb für angebracht, sich einiger Freiheiten zu bedienen und mehr zu fingieren, als er im Buche Judith vorgefunden. Das Arioso Occhi stelle mortali und am Ende: E placato quel astro irato sei nicht sein, sondern anderer Werk. Aber er nennt weder den Komponisten seines Singspiels noch den italienischen Textdichter, der ihm als Vorbild gedient hat. Bei der Fülle von italienischen Opern (vgl. Seite 52 f.) der damaligen Zeit hält es schwer, des Dichters Muster namhaft zu machen. Aber auch bezüglich der anderen italienischen Stellen, welche der Dichter nicht ausdrücklich nennt, hat er vermutlich Anleihen gemacht. Den Kern der Judith-Handlung gibt Beccau der Bibel gemäß wieder. Aber Judith wird nicht nur von Holofernes, sondern auch von Zelot, einem vornehmen Offizier, geliebt. Wie in der Bibel bleibt Judith nach Ermordung des Holofernes und nach der Rückkehr in ihre Vaterstadt Witwe. Neben dieser Handlung läßt der Dichter weitere Liebesaffären einhergehen. Achior, ein „ammonitischer Prinz", liebt die Prinzessin Japhite, welche wiederum von seinem Nebenbuhler Licor, einem „Fürsten aus Hyrcanien und General-Lieutnant des Holofernes"[53]), geliebt wird. Während sich Achior ganz ähnlich wie in der Legende verhält, gerät die vom Dichter erfundene Geliebte, die dem Achior auch nach seiner Verbannung die Treue hält, gegen Ende des Stückes ebenfalls in Gefangenschaft der Bethulier und vermählt sich nun mit dem schon totgeglaubten, plötzlich wiedergefundenen Helden Achior. Außer dieser barocken Verwicklung des Geschehens wird durch Evil, welcher Neigungen zu Judiths Magd Abra hegt, eine weitere Liebesgeschichte geschaffen. — In der Art und im Stile der späteren Schlesier[54]) sind schon die Personenbeschrei-

[53]) Das Auftreten der Personen in damaliger Zeittracht war durchaus üblich. Eine Anspielung auf die Zeitverhältnisse enthalten auch Evils Worte: „... das mag Sankt Velten wissen". Damit ist scheinbar Veltens „berühmte Bande" gemeint, die von Ort zu Ort zog und infolgedessen über den Verbleib mancher Leute Auskunft geben konnte.

[54]) Beccaus Werk „Blutiges, doch muthiges Pegu, oder Banise aus dem bekannten Roman des Herrn Z i e g l e r s. In eine opernmäßige Vers-Art geschlossen und in zwey Theile verfaßt" (Hamburg 1720), deutet auch auf die

bungen abgefaßt. Es ist z. B. ganz charakteristisch, daß Judith als eine „galante Witwe und Standesperson aus Bethulia" bezeichnet wird. Nicht nur im Text, sondern auch in den Bühnenanweisungen werden wir an den Bombast der Schlesier erinnert. Unnatürlich und prunkvoll wie die Regiebemerkungen sind auch die szenischen Vorschriften der Ausdruck von Barockstimmung. Der Dichter, der wie seine Vorbilder Hofmanswaldau und Lohenstein sich im bürgerlichen Leben einwandfrei führte, macht auch die Mode gesuchter Erotik in seinem Werk mit. Die lyrischen Stellen sind nicht der Niederschlag von Erlebnissen, sondern sie wirken in ihrer Unwahrheit gekünstelt und geschraubt. Dem Geschmack der Zeit folgend ist auch Beccaus Werk nach der unmännlichen oder frauenhaften Seite hin orientiert. Vielfach findet man selbstquälerische, schwelgende Klagen der Liebhaber, die sich zuweilen als Sklave oder Diener ihrer Angebeteten fühlen. Für den äußeren Effekt berechnet sind auch die vorkommenden Balletts, welche die einzelnen Handlungen beschließen. Auch die Lüsternheit des Marinismus, des internationalen Ausdrucks jener Zeit, wird vom Dichter kopiert. In umschreibender Form drückt er das aus, was er eigentlich sagen will, wobei es öfter nicht ohne grobe Geschmacklosigkeit abgeht. Allenthalben finden sich sonst Ausdrücke des Preziösentums, besonders sind die Liebesbeteuerungen und Liebesklagen, die überhaupt im Vordergrund stehen, reich an verzierten und süßlichen Wendungen. Außer diesen zahlreichen, ästhetisch äußerst fragwürdigen Schwärmereien findet man bei Beccau eine gewisse Vorliebe für das Gräßliche und Blutrünstige, die auf Lohensteins Vorbild schließen läßt. Es ist deshalb kein Wunder, wenn der Dichter die Mordszene auf die Bühne bringt und mit eingehender Bestimmung die Ausführung der Mordtat vorschreibt. — Wesentlich für Wirkung und Erfolg seines Singspiels scheint die Rolle des Evil, eines „lustigen Assyrers". Wie bezeugt wird, war in Hamburg „die üble Gewohnheit eingerissen, daß man ohne Arlechin keine Opera auf den Schauplatz" brachte[55]). Schon wegen der großen Rolle des Harlekin Evil verdient Beccaus Stück die Bezeichnung „Singspiel". Der Hanswurst findet durch den Dichter eine recht vielseitige Verwendung. Evil gibt eine lustige Schilderung des Soldatenlebens und ironisiert in komischer Weise seine eigenen soldatischen Eigenschaften, er tritt als Narr auf und macht seinen Feldherrn Holofernes verächtlich, in witziger Weise vergleicht er das Leben mit einem L'hombre-Spiel, auch spielt

---

Vorliebe für die 2. schlesische Schule hin, schrieb doch sein Vorbild Anselm von Ziegler ganz im Stile dieser Richtung.

[55]) H. M. Schletterer, a. a. O., Seite 87.

er den schmachtend Verliebten. Ja, sogar als Nachtwächter betätigt sich Evil. Sieht man bei Beccaus Singspiel einmal den Einfluß des Marinismus, andererseits die Einwirkung der englischen Komödianten, so bietet Joh. Paul Kunzen[56]), der selbst Musiker war, in seinem Werk den Text in einer ganz anderen musikalischen Form. Sein Holofernes aus dem Jahre 1737 ist ein Oratorium. Wie die Oper, so stammt das Oratorium, eine „halb dramatische, halb epische und lyrisch-kontemplative Kompositionsform"[57]) aus Italien. Während sich in den Musikzentren, wie Dresden, München und Braunschweig, namentlich Wien, wo von 1730 an der damals berühmteste Libretto-Dichter Pietro Metastasio wirkte, die italienische Sprache in Opern und Oratorien fast ausschließlich kultiviert wurde, hatten sich in Hamburg die deutschen Opern noch behauptet. Aber das Ansehen der Hamburger Oper begann schon während ihrer Glanzzeit um 1730 zu schwinden, da die immer größer werdende Verrohung und Verweltlichung der Opern religiösen oder ernsten Gehaltes zum Anlaß des Verfalls wurde. Händels frühe Opern z .B. wurden nach seinem Weggang durch mutwilligen Zusatz von fremden musikalischen Bestandteilen großen Verunstaltungen ausgesetzt[58]), ähnlich wie die in den Opern angewandte deutsche Sprache mit fremdsprachlichen Arien vermischt wurde. So ist es erklärlich, daß dieser Rückgang zur Loslösung der geistlich-dramatischen Kunst von der eigentlichen Oper führte. Johann Mattheson führte die Trennung durch, indem er die geistlichen Stoffe für die Kirche übernahm, wo sie in Oratorien verwandt wurden[59]). Der Musikhistoriker Karl Storck unterscheidet[60]) zwei Gruppen von Oratorien je nach ihrem Hauptzweck. Bei der ersten, der künstlerisch-musikalischen Gruppe ist das Ziel höchste künstlerische Vervollkommnung, die zweite kirchlich-praktische Gruppe erstrebt für kirchliche Veranstaltungen besondere Anziehungskraft durch Darbietung musikalischer Leistungen. Schließt man sich dieser Einteilung an, so gehört das Oratorium von Kunzen zu der zweiten Gattung, zum Typus der kirchlich-praktischen Oratorien. Auch Kunzens Oratorium wie alle dieser Kunstart hat epische und dramatische Züge. Die dramatische Eigenschaft des Oratoriums beruht vornehmlich auf der Wiedergabe des stofflichen Gehaltes durch verschiedene Personen. Szenische Aufführungen von Oratorien, wie sie früher

[56]) E. Purdie, a. a. O., erwähnt Kunzen nicht.

[57]) Hugo Riemann, Musik-Lexikon, 7. Auflage, Leipzig 1909, Spalte 1019.

[58]) H. M. Schletterer, a. a. O., Seite 96.

[59]) Karl Storck, Geschichte der Musik, 1. Band, 4. Auflage, Stuttgart 1921, Seite 397.

[60]) Karl Storck, a. a. O., 1. Band, Seite 386.

üblich waren, haben aber im 18. Jahrhundert nicht mehr stattgefunden, so ist auch Kunzens Werk aus dem Jahre 1737 ohne szenische Darstellung zu denken. Die fehlende, anschauliche Bühnenwirksamkeit suchte man nun in solchen Oratorien, wo Fabel oder Zusammenhang nicht ohne weiteres erkennbar war, durch Einführung eines Erzählers zu ersetzen. Dieser Erzähler der deutlich auch die epische Seite des Oratoriums zeigt, teilte alles zum Verständnis der Zuhörer Notwendige mit. Wenn Kunzen in seiner „Abendmusik" auf diese Mittelsperson verzichtete, so tat er es wohl deshalb, weil einmal die biblische Judithsage gut bekannt war, anderseits aber der Komponist seinen Zuhörern durch einen Text, der gleichsam als Programm diente, schon ein geeignetes Hilfsmittel zum Verständnis an die Hand gab. Kunzen hat die Judithsage der Bibel folgend übernommen. Im Titel seines Werkes nennt er selbst die biblische Quelle. Das Oratorium ist in fünf Abteilungen gegliedert, die einzeln an fünf aufeinander folgenden Sonntagen aufgeführt wurden. Der Personenaufwand ist im Ganzen gering, neben den biblischen Rollen haben die vom Dichter erfundenen nur untergeordnete Bedeutung. Charakteristisch ist die Einführung der „gläubigen Seele". Diese Allegorie wird durch alle fünf Teile hindurch geführt. Wie schon der Name sagt, ist sie die personifizierte Stimme der unerschütterlichen Zuversicht zu Gott. Der Inhalt ihrer zahlreichen Rezitative und Arien, die an gewissen Ruhepunkten der Handlungen gesungen werden, ist meist von lyrisch-reflexionsartiger Stimmung und häufig im Ton wie ein Choral abgefaßt. Reflexionen enthalten auch die Partien des *„Chores der christlichen Kirche"*, die sich wie die Stimme der „gläubigen Seele" durch das ganze Oratorium hindurchziehen und in Form von Chorälen als liturgisches Element in das Werk einbezogen sind. Bei jedem dieser Lieder des „Chores der christlichen Kirche" ist nämlich die Nummer des betreffenden Chorals aus dem Gesangbuch angegeben, was wir als Aufforderung an die Gemeinde zum Mitsingen aufzufassen haben. Im „Lübeckischen Gesangbuch 1748", das zum Vergleich herangezogen wurde, stimmen sämtliche Nummern der Gesangbuchlieder mit den von Kunzen im Oratorium bezeichneten Choralstellen überein. Im „Avertissement" gibt der Dichter an, daß der „Hauptendzweck auf die Ehre Gottes und nächst dem auf die Erbauung des Auditorii abzielet". Dieser Absicht entsprechend hat er sich auch im allgemeinen in der Sprache der kirchlichen Würde anzupassen gewußt. Nur ganz vereinzelte Stellen mögen noch auf den Einfluß der verflachten Operntexte damaliger Zeit zurückzuführen sein und enthalten Anklänge an Beccaus oder dessen Vorbilder Redeweise. Eine Arie des Holofernes sei hier als Beispiel erwähnt. Der Dichter, der ohne szenische Darstellungsmöglichkeit darauf angewiesen war, das, was dem Auge der Zuhörer fehlte, durch Musik und Text auszudrücken, kannte keine andere Möglichkeit, seinen Holofernes mit grausigen und barbarischen Zügen auszustatten. Das stark hervortretende chorische Moment in Kunzens Oratorium bringt auch eine lyrische Stimmung an den Ruhepunkten.

Ganz anders behandelt findet sich das Judith-Motiv im eigentlichen Drama der Musik: in der späteren Oper. Aus der großen Anzahl von deutschen Texten für Kompositionszwecke können hier nur einige mit gewissem Repräsentanzwert dargestellt werden. Bei einer Reihe deutscher opernhafter Judith-Bearbeitungen sind meist nur die Komponisten bekannt (vgl. Seite 49). Mosenthals Libretto zu Dopplers Judith-Oper stammt aus dem Jahre 1870. Der Dichter hat im Gegensatz zu den früheren Bearbeitungen des Judith-Motivs nur die beiden Hauptzüge der biblischen Handlung, nämlich die Feindschaft zwischen den Assyrern und Bethuliern, sowie Judiths göttliche Sendung, den Holofernes zu töten, beibehalten. In dieses Geschehen hat Mosenthal mit starken theatralischen Effekten eine Liebestragödie Judith-Ataniel hineinverflochten. Holofernes will Judiths Geliebten Ataniel und den Hohenpriester, die beide in assyrische Gefangenschaft geraten sind, zur Opferung freigeben, da tritt Judith dazwischen und bittet um das Leben ihrer Landsleute. Die Tragik liegt nun darin, daß Ataniel sich Judiths Gegenwart im Lager der Assyrer nicht erklären kann, und, in seiner verblendeten, leidenschaftlichen Liebe gekränkt, sich dazu hinreißen läßt, Judith als Verräterin des Vaterlandes und als Buhlerin des Holofernes zu verfluchen. Als Ataniel dann „halb wahnsinnig" — nur durch diese Bühnenanweisung scheint sein weiteres Verhalten möglich — doch noch versucht, in leidenschaftlichen Ausbrüchen, Judith zur Flucht zu bewegen, gerät Judith in den Konflikt, ob sie ihre von Gott befohlene Aufgabe erfüllen oder dem Ataniel angehören soll. Dieser innere Zwiespalt erfährt die größte Steigerung, als Holofernes zu den beiden Liebenden eintritt. Aber Judith spielt dem Holofernes gegenüber ihre Verstellung weiter, sie leugnet sogar, als Holofernes in großmütig-verächtlichem Tone beide frei abziehen lassen will, „schwer ringend", Ataniel überhaupt zu kennen und wirft sich dem verhaßten Tyrannen an den Hals, um ihn von ihrer geheuchelten Gesinnung zu überzeugen. Ja, um zu ihrem Ziele zu kommen, ringt sie sich in übermenschlicher Anstrengung, auf Holofernes Drohung, er wolle den Ataniel töten, eine Äußerung ab, die dem Gewaltmenschen als deutlichster Beweis ihrer Neigung zu ihm dienen soll. Mit den Worten „Tu, was du willst" gibt sie den wirklich Geliebten an Holofernes preis und heuchelt nach Ataniels Ermordung durch Holofernes ihre Liebe zu diesem weiter, um endlich mit des Geliebten Schwert den Tyrannen, der sich ihrer Leidenschaft versichert fühlt, im geeigneten Augenblick zu ermorden. Der bewegte Auftritt endet mit Judiths Abschied von Ataniels Leiche, dann folgt sie Holofernes in das Schlafgemach. Die vollbrachte Tat wird nicht sichtbar gemacht, wohl aber im Orchester ausgedrückt. Diese geschilderten Szenen sind die Träger der ganzen Struktur von Komposition und Text der Oper. Die Achior-Episode konnte der Dichter ebenso entbehren wie die biblische Einführung Judiths. Bei Mosenthal wird Judith durch ein theatralisches Hilfsmittel zu ihrer Sendung berufen. Schon früher, als Judith dem verschmachtenden Volke Wasser brachte, erzählte sie, wie sie im Traum ein Gesicht gehabt und eine göttliche Stimme sie zu einer wunderbaren, verborgenen Quelle geführt habe. Später, wie sie Ataniels glühenden Werbungen, der todesahnend beim Abschied ihre Hingabe fordert, nachgeben will, hört sie zum zweiten Male eine göttliche Stimme, Ataniel hat von dieser Erscheinung nichts bemerkt; während Judith ihm bedeutet, nur dem Sieger angehören zu wollen, erneuert er seinen Schwur, sie durch siegreichen Kampf zu gewinnen. Noch ein drittes Mal wird Judith durch eine Stimme von oben gerufen. Aus „Heiligen Pergamentrollen" wird ihr der geheimnisvolle Sinn der göttlichen Stimme dann klar. Abra liest ihrer Herrin nämlich die Erzählung (in der Bibel: Buch Richter, Kap. 4, Vers 17 ff.) vor, wie Gott dem Volke Israel zürnte und es in Jabins, des Kananiterkönigs, Hand gab. Dessen Feldherr Sisera sei gegen Israel gezogen, doch Jael, das Weib des Hebers, des Keniters, habe ihn eingeladen und den schlummernden Gast mit einem Nagel getötet. Durch diese erfundene Kundgebung Gottes läßt Mosenthal in Judith die Ahnung ihrer Aufgabe deutlich werden. Damit motiviert der Dichter auch Judiths festen Willen, um jeden Preis, selbst wenn sie den Geliebten opfern muß, ihr Ziel zu erreichen und Holofernes, den Feind des Vaterlandes, zu ermorden. Nur einmal läßt Mosenthal, um die Spannung zu erhöhen, Judith ganz kurze Zeit in ihrem Entschlusse schwankend werden, aber sie faßt sich wieder. Der haltlose Charakter des Ataniel ist scheinbar deswegen so veränderlich gezeichnet, um das an sich schwache Motiv des Mißtrauens, das ihm selbst zum Verhängnis wird, psychologisch einigermaßen zu begründen. Im Anfang erscheint Ataniel als ungläubiger Lästerer, auf seines Vaters Vorhaltung bereut er dann seine Schmähungen. Und doch fordert er in einer Anwandlung von Selbstzerstörung auf, Holofern zu rufen. Erst um Judiths willen, die den Geliebten zum Kampf anspornt und ihm beteuert, daß sie ihr Volk mehr als ihn liebe, zieht er in die Schlacht. Hier wird der Gegensatz der Charaktere der beiden Liebenden ganz deutlich: Judith stellt das Vaterland über alles,

Ataniel kämpft für das Vaterland, nur um die Geliebte zu besitzen. Dadurch, daß Mosenthal Judiths Worte durch sie selbst konsequent in die Tat umsetzen läßt, wird ihr freilich später der Entschluß, wofür sie sich entscheiden soll, nicht schwer gemacht, ja, der Konflikt wirkt rein äußerlich, ein innerer Zwiespalt aber wird aufgehoben. Eine innerlich stärker begründete Verknüpfung schien dem Librettisten nicht nötig. Das musikalische Gefüge bleibt auch für Dopplers Oper immer das Ursprüngliche. Der Text, nur in zweiter Linie gewertet und in gröberem Ausmaße die Idee und den Stoff gestaltend, bietet den gesanglichen Leistungen das Material, während der Tonsetzer in seiner dem Text übergeordneten Komposition für die musikalische Ausmalung in der Wahl seiner Mittel unbeschränkt ist. — Eine andere Veränderung des biblischen Stoffes nimmt Richard Wetz in seiner Oper vor, der für sein Werk beide Ausdrucksformen, Dichtung und Musik, geschaffen hat. Judith ist die Tochter des Eleazar, Priesters und Befehlshabers der Stadt Bethulien. Ihr Vater will sie dem zur Gattin geben, der den Holofernes tötet. Simeon, der Judith liebt, verspricht, die Tat auszuführen. Da bittet Judith, den Plan aufzugeben, er vermöge nichts gegen Holofernes auszurichten. Doch schließlich bekennt sie den wahren Grund, warum sie Simeon zurückhalten wollte. Ein unerhörtes Geständnis entringt sich ihr: sie selbst liebt den Holofernes. Wenn Simeon den feindlichen Feldherrn töten will, so soll er sie zuerst töten. Eleazar verflucht seine Tochter, aber Judith geht zum Feinde mit Liebes- und Versöhnungsgedanken; Simeon, der ihr folgen will, wehrt sie ab. Sie warnt Holofernes, man sinne auf seinen Tod. Betroffen ist dieser, daß Judith ihn mehr liebt als ihr eigenes Volk, ihn, der nie Eltern, Geschwister oder Freunde gekannt hat. Judith klagt über den Fluch, den ihr Vater gegen sie ausgestoßen habe. Holofernes will diese Verwünschung in Segen verwandeln. Doch, als er von Judith, die sein Versprechen günstig ansieht und an die Allmacht der Liebe glaubt, hört, er solle ihr zu ihrem Vater folgen, da kommt Holofernes, der solchen Vorschlag nicht begreifen kann, zur Selbstbesinnung, fährt wild auf und nennt sie Heuchlerin, die ihm sein argloses Herz gestohlen habe. Sein ganzes Barbarentum kommt wieder zum Vorschein. Er will sie in ein Nebengemach drängen, da reicht sie ihm ein Schwert und bittet, getötet zu werden. Aber Holofernes will sie besitzen. Als sie nun ihn töten will, faßt er sie an der Hand, daß das Schwert zu Boden fällt, und drängt sie in das Gemach. Diese Szene bildet den Beginn des Höhepunktes. Im folgenden Auftritt ist Judith zunächst allein. Der Grundton ihrer Stimmung ist die gekränkte Liebe und die Verzweiflung. Endlich tötet sie Holofernes mit einem Dolch, aus Rache für die Schmach, die er ihr angetan hat; selbst nach der Tat wirft sie sich in namenlosen Schmerz über die Leiche des Geliebten, der sie nicht verstehen konnte, und verläßt das Zelt, „oft nach dem Toten blickend". Wetz hat, wie Hebbel, seine Judith die Tat aus Rache vollziehen lassen: aus Rache für gekränkte Ehre. Diesen Gedanken spricht Judith später selbst noch einmal aus. Während aber die Hebbelsche Judith zu Holofern gegangen war, mit der Absicht, ihn zu töten, in seelischen Kämpfen aber schließlich ihren Sinnen erlag, des Holofernes Beute wurde und selbst nach der Rache seelisch vernichtet bleibt, ging Wetz' Judith aus Liebe zu Holofernes und glaubte, diesen so auch für ihr Vaterland gewinnen zu können. Ihre Tragik beruht nicht, wie bei Hebbel, in der Zwiespältigkeit ihres eigenen Wesens, sondern in ihrer durch Liebe zum Feinde verblendeten Überschätzung von dessen Eigenschaften. Als Holofernes ihre echte Liebe nicht erwidert, sondern sie abweist, bittet sie um den Todesstreich. Ohne daß sie einen Augenblick die Haltung und Selbstbeherrschung verloren hat, ist sie dann des Holofernes Gewalt erlegen. Wetz' Judith kann deshalb auch aus ihrer furchtbaren Erfahrung der getäuschten und entehrten Liebe geläutert hervorgehen. So schließt der Dichter sein Werk mit einer versöhnt-verklärten Stimmung ab, die dem von ihm für Dichtung und Musik gewählten Motto aus Hölderlin entspricht:

„Geschieht doch alles aus Lust
Und endet doch alles mit Frieden".

Aus der neuesten Zeit (1923) stammt die Oper „Holofernes" von E. N. von Reznicek[61]), eine Tondichtung nach Hebbels Tragödie „Judith", und endlich das dreiaktige Musikdrama „Judith" von Arthur Honegger, französische Dichtung von René Morax, deutsche Übertragung von Leo Melitz. Der französische Text von Melitz schließt sich an die biblische Vorlage an. Die Uraufführung von v. Reznicks Tondichtung fand am 27. Oktober 1923 im Deutschen Opernhause zu Charlottenburg statt. (Dirigent: Leo Blech, Holofernes: Michael Bohnen, Judith: Marga Dannenberg.) Die erste Aufführung von Honeggers Oper in dramatischer Fassung war am 11. Juni 1925 im Théâtre du Jorat in Mézières, die erste Aufführung in Opernfassung am 13. Februar 1926 im Theater zu Monte-Carlo.

DAS KUNSTDRAMA DES 19. JAHRHUNDERTS.

Den Höhepunkt aller dramatischen Verwertungen des Judith-Stoffes hat Hebbel mit seiner Tragödie von 1840 geschaffen. Sein Werk über-

[61]) Von Purdie, a. a. O., nicht erwähnt.

ragt die anderen in ästhetischer und künstlerischer Beziehung, an dramatischer Kraft, an Gedankentiefe und Formgebung, an Wucht und Schönheit der Sprache, an psychologischer Darstellungskunst und technischem Aufbau. Im Rahmen der vorliegenden Arbeit soll das Drama Hebbels nur als zeitgeschichtlicher Faktor in Betracht gezogen werden. Neben Hebbel finden wir als Verfasser von Kunstdramen über Judith im 19. Jahrhundert: Heinrich Keller (1809) und August Schmitz (1876). Endlich übertrug Julius Grosse 1870 die Hebbelsche „Judith" in Verse. Innerhalb der Gattung dieser Kunstdramen sei die zeitliche Reihenfolge der Entstehung der Judith-Dramen zugrunde gelegt.

Heinr. Keller schrieb unter dem Pseudonym: Heinr. von Itzenloe. Jak. Grimm[62]) hat sich mit dem Schauspiel schon ziemlich eingehend beschäftigt, ist letzten Endes aber zu einem ungünstigen Urteil gelangt. Über die Quelle Kellers ist nichts Näheres bekannt. Grimm glaubt, daß nicht nur formell, sondern auch inhaltlich eine Nachahmung des Spanischen vorliege. Die Stichhaltigkeit von Grimms Vermutung, auch der Vorwurf sei spanisch, wird von Wyss bezweifelt[63]). Das Formelement hat in Kellers „Judith" den Inhalt sehr stark beeinträchtigt. Der Dichter hat nämlich sein ganzes Drama konsequent nach dem Strophenprinzip durchgeführt, und zwar hat er sich dabei spanischer Strophen bedient. Die durch solches Verfahren notwendig eintretende Einschnürung der Gedanken in eine bestimmte feste Form mußte auch das dramatische Gefüge einengen. Es sind weniger die Versmaße als die Reime, welche den Ausschlag geben. Während wir beim Dialog das gleichbleibende Versmaß sehr wohl auch bei gegensätzlichem Gedankeninhalt als zuträglich empfinden, setzt der strophische Reim ein gewisses Maß von innerer Gedankenharmonie voraus und wirkt gekünstelt oder störend, wenn auf die Rede erst in der Gegenrede die Assonanz erfolgt. Das Formale in seiner strengen Fassung bedeutet bei Keller fast das Überwiegende und Primäre. Wir haben beinahe den Eindruck, als ob der Dichter erst im Hinblick auf Melodie und Rhythmus der Sprache, wenn man so sagen darf, den Text geschrieben habe, ähnlich wie der Librettist einer Oper sich sprachlich der musikalischen Komposition anzupassen sucht. Neben der Haupthandlung Judith-Holofernes, die Keller, der Bibel folgend, geschaffen hat, können drei damit verflochtene andere Handlungen unterschieden werden: Das Ränkespiel Jephets, eines Assy-

[62]) Heidelbergische Jahrbücher der Literatur, 3. Jahrgang, 5. Abteilung, 1. Band, 2. Heft, Heidelberg 1810, Seite 89 ff.

[63]) Heinrich Keller, Der Züricher Bildhauer und Dichter, Diss., Zürich 1891, Seite 50.

rers, gegen Achior, das gleichzeitig zur Charakterisierung des Holofernes dient, dann das Eliab-Judith-Drama, in welchem die beiden edelsten Menschen Bethuliens geschildert werden, und schließlich komisch-volkstümliche Szenen. Achior ist der einzige, der den Charakter des feigen Verstellungskünstlers Jephet erkennt. Wenn auch die Person Jephets selbst dem Holofernes nicht zum Verhängnis wird, so ist dieser Intriguant doch mittelbar, durch Heranführung Judiths — freilich unabsichtlich — am Untergange des Holofernes beteiligt. Es kann nicht sicher festgestellt werden, ob Keller auch inhaltlich nach spanischem Text gearbeitet hat. Die Tatsache, daß Jephet, der Bösewicht, letzten Endes nicht doch dem Verhängnis anheimfällt, etwa einer Sühne, die er sich durch sein Verhalten selbst bereitet, und worin wir deshalb auch eine ästhetische Befriedigung empfinden würden, scheint, gegen Grimms allgemeine Vermutung einer spanischen Nachahmung, dafür zu sprechen, daß Keller wenigstens Anlage und Ausführung der Intrigue nicht von einem fremden Muster übernommen, sondern sie selbst erfunden hat. Es ist möglich, daß dem Dichter bei der Zeichnung von Judith die „Jungfrau von Orleans" vorgeschwebt hat, eine Vermutung, welche schon Wyss[64]) ausspricht. Jedoch ist eine unmittelbare Beeinflussung nicht nachzuweisen. Wie Schillers Jungfrau hält sich auch Kellers Judith für stark genug, ihre weiblichen Gefühle gegen jede Einwirkung der Welt wappnen und ihrer göttlichen Mission, das Vaterland zu retten, treubleiben zu können. Aber während Johanna schließlich doch in den Widerstreit zwischen irdischer Liebe und höherer Berufung, die einander ausschließen, gerät, läßt Keller seine Judith unangefochten und von einem Konflikt verschont bleiben, so daß sie nicht zur tragischen Heldin wird. Bezüglich der Form der nach der Bibel gestalteten Judith-Holofernes-Handlung hat man den Eindruck, daß der Dialog zwischen den beiden Hauptpersonen anmutet wie ein sprödes Gestein, das dem Bildhauer bei der Ausführung seiner Skulptur viel Schwierigkeit und Mühe verursacht hat. Judith und Holofernes überbieten sich in anmutigen und wohllautenden Liebesbeteuerungen. Wenn die Leidenschaft bei Holofernes echt und bei Judith vorgetäuscht ist, so vermissen wir doch bei beiden, daß die Gefühlsbeteuerungen wenigstens auf den Partner einen glaubhaften Eindruck machen. Das ausgeprägt Formalistische in Kellers Dichtung, das vielfach zu Ungunsten des Gedankeninhalts seines Stückes gewirkt hat, mag darauf zurückzuführen sein, daß Keller ursprünglich Bildhauer war und deshalb die Gestaltung seiner Dichtung analog seinen bildnerischen Kunst-

---

[64]) a. a. O., Seite 5o.

anschauungen durchgeführt hat. Damit scheint es auch zusammenzuhängen, daß sein Schauspiel im Grunde mehr episch-abschildernd wie dramatisch-ineinanderfügend gestaltet ist. Deutlich zeigt sich an Kellers Drama der zeitgeschichtliche Einfluß. Gerade im ersten Jahrzehnt des 19. Jahrhunderts ist das Interesse an spanischer Dichtung und deren Nachahmung in der deutschen Poesie beobachtet worden[65]). Zudem hielt Schlegel in demselben Jahre (1809), wo Keller sein Werk veröffentlichte, seine Vorlesungen über die dramatische Literatur und Kunst und das spanische Theater. Kellers „Judith" ist ihrem Charakter nach eine Synthese vom Klassizistischen und Romantischen. Zum klassischen Muster war er durch die selbst ausgeübte bildende Kunst angeregt worden, zum Romantischen bewegten ihn die literarisch maßgebenden Kreise. Schillers Bedenken[66]), die er am 3. Juli 1800 in einem Briefe an Körner hinsichtlich der spanischen Literatur in Deutschland äußerte, haben sich später an Kellers „Judith" bewahrheitet: „Für unsere deutsche Poesie glaube ich nicht soviel Ausbeute daran finden zu können als du hoffst, weil wir einmal mehr philosophische Tiefe und Wahrheit des Gefühls als Phantasiespiele lieben". — Alle bisher besprochenen dramatischen Bearbeitungen des Judith-Stoffes mit Ausnahme der Oper von Wetz geben bei allerdings mannigfachen Variationen doch im Grunde das Judith-Motiv so wieder, wie es in der biblischen Legende vorgebildet ist, nämlich derart, daß Judith dem Holofernes bis zuletzt feindlich gegenübersteht und die Liebe zu ihm nur, um ihn dann töten zu können, vorspiegelt. Wetz hatte mit seiner modernen Oper insofern einen tragischen Konflikt konstruiert, als Judiths Liebe zu Holofern von Anfang an immanent ist und durch des Feldherrn Verhalten, das Judith stark überschätzt hatte, grausam enttäuscht wird.

Völlig abweichend von den genannten dramatischen Judith-Bearbeitungen hat Friedrich Hebbel seine Tragödie gestaltet. Bei der Betrachtung von Hebbels Drama sei nochmals ausdrücklich betont, daß bei völliger Würdigung der schöpferischen Dichterpersönlichkeit Hebbels, die als imaginärer Faktor an seinem Werk Anteil hat, hier vornehmlich der Versuch einer zeit- und stilgeschichtlichen Betrachtungsweise des Judith - Stoffes zugrunde liegt, und daß deshalb nicht eine ästhetisch-analysierende Darstellung von Hebbels Drama gegeben werden soll, son-

---

[65]) Vgl. Ad. Ebert, Literarische Wechselwirkungen Spaniens und Deutschlands (Deutsche Vierteljahrsschrift, 2. Heft, Stuttgart und Augsburg 1857, Seite 98).

[66]) M. Koch, Calderon in Deutschland (Im neuen Reich, Wochenschrift für das Leben des deutschen Volkes in Staat, Wissenschaft und Kunst, Leipzig 1888, Seite 788).

dern vielmehr angestrebt wird, die literarische Erscheinung der Hebbelschen „Judith" in bezug auf die Ursachen ihrer Entstehung, soweit diese in den allgemeinen Zeitgedanken und geistigen Strömungen wurzeln, zu beleuchten. — Wenn bei anderen Dichtern, Größen dritten und vierten Ranges, die nur wegen des Judith-Stoffes Anspruch auf Erwähnung haben, gelegentlich ihre Werke auch unter analytischen Gesichtspunkten betrachtet wurden, so geschah es, um einen Einblick in das Wesen dieser Stücke, die mehr oder weniger unbekannt sind, zu gewähren. Die Beziehungen von Hebbels „Judith" zu den philosophischen Gedanken ihrer Entstehungszeit sind nicht zu unterschätzen. Gerade philosophische Ideen waren es vielfach, die zur Zeit der Abfassung von Hebbels Drama das Geistesleben beeinflußten. Nach Heinrich von Treitschkes Urteil[67]) „verdankte Hebbels „Judith" ihren Erfolg vor allem ihrer Wahlverwandtschaft mit gewissen krankhaften Verstimmungen der Zeit". Mit diesen Worten charakterisiert von Treitschke die seelische Gesamtstimmung einer Epoche, in welcher beinahe die Gesamtheit des deutschen Geisteslebens für längere Dauer unter der Einwirkung der Ideen eines Hegel gestanden hat. Hebbel hat zwar im allgemeinen der wissenschaftlich betriebenen Philosophie mit ihren letzten Konsequenzen skeptisch gegenübergestanden[68]), seine ganze Dichtung wurzelt aber doch in philosophischem Denken und hat unter Hegels, Schellings und anderer Philosophen Einfluß gestanden.

Es ist bekannt, daß ein vielzitiertes Wort Hebbels, welches gegen seinen Kritiker Julian Schmidt gerichtet war und diesen als „ästhetischen Kannegießer" bezeichnete, scharf Front macht gegen Schmidts Behauptung, Hebbel sei ein Schüler Hegels. Waetzold[69]) sieht den Grund dieser scharfen Zurückweisung in „Hebbels unbändigem Autodiktatenstolz, die erworbene Bildung möglichst aus der Tiefe eigenen Denkens hinzustellen", was ihn „zu Gedächtnisfehlern und vielleicht auch wissenschaftlicher Übertreibung vorhandener, aber unwesentlicher Differenzen zwischen ihm und Hegel verleitet haben" mag. Ein anderer Grund für Hebbels Voreingenommenheit gegen Hegel scheint in dessen Ansicht von der Kunst zu liegen. Diese wurde, wie Sickel[70]) zeigt,

---

[67]) Historische und politische Aufsätze, Vierte Auflage, 1. Band, Leipzig 1871, Seite 470.

[68]) Paul Sickel, Friedrich Hebbels Welt- und Lebensanschauung. Nach den Tagebüchern, Briefen und Werken des Dichters dargestellt. Leipzig und Hamburg 1912 (Beiträge zur Ästhetik, begründet von Lipps und K. M. Werner, XIV. Band), Seite 179 ff.

[69]) Hebbel und die Philosophie seiner Zeit, Diss., Berlin 1903.

[70]) a. a. O., Seite 194.

von Hegel nicht als das endgültige Ziel, sondern nur als ein Stadium der geistigen Entwicklung betrachtet. Der Dichter in Hebbel aber fühlte sich durch diese Hegelsche Auffassung, die Kunst werde allmählich von der Philosophie überwunden und ersetzt, in seinem Künstlerbewußtsein gekränkt. Wir würdigen vollauf die Gründe, die den Dichter zur Ablehnung der Schmidtschen Kritik bewogen haben mögen, ja, sie scheinen den Beweis zu erbringen für das individualistische Moment einer Höhenerscheinung vom Range Hebbels, dem sein künstlerisches Schaffen gleichzeitig sittliche Notwendigkeit war, und der jeden Versuch von anderer Seite, seine Individualität in den Zusammenhang mit anderen geistigen Faktoren einzuordnen, als Mangel an Verständnis für sein Schaffen empfand. Wie schon angedeutet, kommt es hier darauf an, nicht schlechthin Hebbels Verhältnis zur Philosophie in seiner „Judith" darzulegen, sondern nur die Beziehungen seines Dramas zu den geistigen Strömungen seiner Epoche, die freilich vorherrschend philosophischer Art sind, aufzudecken. Walzels[71]) Vorschlag, bei Hebbel, der „sich für ganz unabhängig und seine Denkergebnisse für ganz selbständig hielt", bezüglich der Philosophie „den Begriff des Einflusses möglichst auszuschalten und von Übereinstimmung oder Abweichung" zu sprechen, ist überzeugend; „denn in einem Zeitalter, das von philosophischer Spekulation noch ganz durchsetzt war, traten Gedanken Schellings und Hegels, dann aber auch Spinozas und Kants dem ungleichmäßig und unfolgerichtig vorbereiteten Autodidakten auf Schritt und Tritt entgegen". Die geistige Struktur der Entstehungszeit von Hebbels „Judith" war eine Reaktion gegen die Romantik. Man kann sie mit Hegels Anschauung, daß die Idee ihr wahres Sein erst im Menschen, aber nicht — darin liegt sein entschiedener Gegensatz zur Romantik — in dem sich selbst bespiegelnden einzelnen, sondern in den objektiven Mächten des Gesamtlebens, in Recht und Staat, in Kunst, Religion und Sittlichkeit[72]) gewinnt, kennzeichnen. Diese Auffassung ist in der „Judith" Hebbels unverkennbar wiederzufinden. Der Dichter hat in seinem Jugenddrama das Logisch-Konstruktive der Idee als einer primären Funktion vorherrschen lassen. Julian Schmidts Abfertigung durch Hebbel scheint insofern gerechtfertigt, als Schmidt die Hegelsche „Idee" ohne weiteres auch für die Hebbels hält. Dieses Mißverständnis gibt den Schlüssel der Schwierigkeit. Hegels „Idee" ist identisch mit der Wirklichkeit, Hebbels „Idee" im Drama symbolisiert die Wirklichkeit.

[71]) Friedrich Hebbel und seine Dramen, 2. Auflage, 1919, Seite 38.

[72]) Th. Ziegler, Die geistigen und sozialen Strömungen des 19. Jahrhunderts, Berlin 1911, Seite 76.

Das Verhältnis zur Wirklichkeit bei beiden ist also ähnlich, aber nicht gleichartig. Scheunert[73]) bringt das Gemeinsame von Hegel und Hebbel auf die Formel: „*Realdialektik der sittlichen Idee*". Und doch ist an Julian Schmidts Feststellung, wenn sie aus rein sachlichen Erwägungen geschehen ist, etwas Wahres. Beim Versuch einer geistesgeschichtlichen Einordnung von Hebbels „Judith" interessiert uns die Tatsache, wie sie Sickel zeigt, daß Hegels Gedanken von einer Vorstellung des beständigen Werdens und der durchgängigen Notwendigkeit, welche die Entwicklung des Universums beherrscht, den Dichter stark in ihren Bann gezogen haben. Dem inneren Zwiespalt, den Hebbel in seinem eigenen Leben stets empfunden hat, kam die Hegelsche Auffassung entgegen. Er hat in anderer Form in der Schrift: „*Mein Wort über das Drama*" den Gedanken so ausgesprochen: „*Das Göttliche ist die Idee, das alles bedingende sittliche Zentrum*" des Weltalls. Damit war dem Dichter ein konstanter Faktor für den dramatischen Konflikt gegeben. Um eine antipolare Erscheinung gegen die immanente Idee zu gewinnen, konnte er die typische Gestaltung des tragischen Charakters als eine allgemeingültige Darstellung, wie sie besonders Goethe gefordert hatte, nicht verwerten; er mußte, um den tragischen Widerstreit herbeiführen zu können, ganz individuelle Gestalten erfinden, Menschen, deren Wesensart so eigentümlich ist, daß sie kaum ein zweites Mal wieder zu treffen sind. In dieser Individuation, wie er sie bei den Hauptgestalten Judith und Holofernes zeigt, liegt schon die Wurzel des Tragischen, das Urtragische. „Das Drama", so meint der Dichter, „vergegenwärtigt uns das bedenkliche Verhältnis, worin das aus dem Nexis entlassene Individuum dem Ganzen, dessen Teil es trotz seiner unbegreiflichen Freiheit noch immer geblieben ist, gegenüberstehet". Dem biblischen Stoff, den der Dichter in der äußeren Handlung nur um wenige Züge verändert hat, haucht er eine ganz neue Idee ein. Hebbels Judith, die „jungfräuliche Witwe", nimmt eine Ausnahmestellung ein; diese von der Bibel ganz abweichende Individualisierung ist psychologisch notwendig, um den Dualismus deutlich hervorzubringen. So ist Judith „zwischen Weib und Jungfrau" gestellt, denn Hebbel hatte Bedenken, daß sich eine Witwe zu einem Schritt, dessen Ziel sie kennt, entschließen könne. Wenn Judith dann in das Lager des Holofernes geht und aus der heroischen Jungfrau, die ihr Volk befreien soll, ein schwaches, der Stimme des Blutes und der Leidenschaft gehorchendes Weib wird, das nur noch aus Rache den Schänder seiner Ehre ver-

[73]) Der Pantragismus als System der Weltanschauung Friedrich Hebbels, Diss., Würzburg 1902.

nichtet, so läßt der Dichter ganz konsequent, seiner Weltanschauung folgend, das Individuum durch die Gewalt des Weltwillens, dem es sich zu widersetzen wagte, zugrunde gehen.

Zu den weltanschauungsmäßigen Berührungspunkten mit den philosophischen Strömungen der Entstehungszeit von Hebbels „Judith", die den Dualismus zum Inhalt haben, gesellt sich noch eine weitere Übereinstimmung, welche daraus abzuleiten ist, und zwar in geschichtsphilosophischer Hinsicht. Auch in der Geschichte sieht der Dichter eine Kette von Dualismen; den Charakter des Weltgeschehens findet Hebbel in der Tragödie wieder[74]). Hegel wollte die Geschichte ähnlich verstanden wissen. Sie bedeutet für ihn ein Drama, dessen Tragik in der Unterlegenheit des einzelnen unter der Gesamtheit beruht. Das Prinzip der Geschichte ist für ihn die Weiterentwicklung des Weltganzen, ungeachtet des dem Individuum immanenten Versuches, sich zu behaupten. Diese geschichtsphilosophische Betrachtungsweise ist, ohne daß Hebbel es Wort haben will, von ihm auf das dramaturgische Gebiet und auf seine Anschauung vom Tragischen verpflanzt worden. Als den Zeitpunkt solcher historischen Weiterentwicklung des Weltganzen bevorzugt nun Hebbel einen deutlich in die Augen springenden geschichtlichen Prozeß, dessen Krisis in scharfen Kontrasten den Zusammenprall zweier verschiedener Kulturepochen darstellt. So sind Hebbels Hauptgestalten, Judith und Holofernes, fast überindividuell gezeichnete Personen, auch deshalb, weil sie zugleich als Repräsentanten verschiedener Völker die Träger konträrer Weltanschauungen verkörpern. Um mit des Dichters Worten zu reden, ist Judith symbolisch „der schwindelnde Gipfelpunkt des Judentums, jenes Volkes, welches mit der Gottheit selbst in persönlicher Beziehung zu stehen glaubte", während Holofernes „das sich überstürzende Heidentum darstellt".

Ein Zeichen für die Volkstümlichkeit des Judith-Stoffes, der in Hebbels Drama eine besondere künstlerische Ausprägung erhalten hatte, war schon die neun Jahre nach Hebbel erscheinende Parodie von Nestroy (1849), von der noch später die Rede sein wird. In Kunstform erfuhr Hebbels „Judith" in „körniger Prosa" eine Nachdichtung durch Julius Grosse, der die Tragödie in Verse umsetzte und sein Werk im Jahre 1870 mit einer Widmung an Klara Ziegler erscheinen ließ. Diese Versifikation hat R. M. Werner in einer besonderen Abhandlung[75]) bereits ein-

---

[74]) Vgl. Sickel, a. a. O., Seite 150.

[75]) Julius Grosses „Judith". Ein Beitrag zur Bühnengeschichte des Hebbelschen Dramas (Prager deutsche Studien, herausgegeben von Karl von Kraus und August Sauer, 9. Heft, Prag 1908, Seite 199 ff.).

gehend untersucht und gezeigt, daß die geringen stofflichen Abweichungen von der Hebbelschen „Judith“ auf einigen Streichungen beruhen. Im zeitgeschichtlichen Rahmen unserer Untersuchung bleibt nur zu erwähnen, daß Grosses Arbeit, wie Richard Maria Werner beweist, auf Geibels Nachwirkung, dessen Umgebung der Versifikator innerhalb des Münchener Dichterkreises angehörte, zurückzuführen ist, und vornehmlich eine Spielrolle für Klara Ziegler, die der tragischen Prosa wenig geneigt war, schaffen sollte. Es ist von Bedeutung, daß ein so genauer und feinfühliger Kenner von Hebbels Persönlichkeit und seinen Werken wie Richard Maria Werner zu folgendem Ergebnis gelangt[76]: „Ich glaube dargetan zu haben, daß Hebbel mit Grosses Versifikation nicht zufrieden gewesen wäre, daß er vielmehr in ihr, wie in den „schönen Versen“ der Münchner überhaupt, nur den Ausdruck des tiefen Verfalls erkannt hätte, der damals den deutschen Parnaß beherrschte“. Ungleich selbständiger als Grosses Versifikation ist eine Tragödie von August Schmitz aus dem Jahre 1876. Sein kurzes Werk ist in vier Auftritte eingeteilt und in jambischen Versen abgefaßt. Die Idee von Schmitzens Dichtung ist in der Haupthandlung abweichend von der Bibel, nur die Achior-Handlung ist beibehalten. Einwirkungen der Münchner Schule, die dem klassischen Muster formal und inhaltlich nachstrebte, lassen sich allenthalben in seiner „Judith“ wahrnehmen. Schmitz bringt Judith in den Widerstreit, ob sie Holofernes oder Jojakim, dem Hohenpriester, angehören solle. Es scheint nun, als ob dem Dichter bei der Motivierung dieses Konflikts der von Leonore im „Tasso“ ausgesprochene Gedanke vorgeschwebt hat:

„Zwei Männer sinds, ich hab es lang gefühlt,
Die darum Feinde sind, weil die Natur
Nicht einen Mann aus ihnen beiden formte“.

Deshalb ist von den beiden männlichen Hauptgestalten außer dem Hohenpriester Jojakim auch Holofernes in idealisierter Weise gezeichnet und zu Menschlichkeit und Gesittung erhoben. Ein weiterer unbiblischer und unhistorischer Zug des Holofernes erweist sich darin, daß er sogar die religiöse Anschauung des Feindes würdigt. Während Hebbel mit großer psychologischer Kunst das Auf- und Niederwogen von Judiths Gefühlen und den daraus sich ergebenden inneren Konflikt mit seinen seelischen Differenzierungen zeichnet und Schritt für Schritt das Motiv so verschiebt, daß schließlich das Gefühl ihrer vaterländischen Ver-

[76]) a. a. O., Seite 277.

pflichtung und ihrer persönlichen Würde verdrängt wird von ihrer Bewunderung des Holofernes und der wachsenden Begierde nach ihm, so vollzieht sich bei Schmitz Judiths Gesinnungswechsel stark spontan. Diese unvermittelt schnelle Veränderung überrascht und ist gar nicht näher begründet. Ebenschon zeigte Judith die Absicht, den feindlichen Feldherrn zu töten, jetzt wird aber plötzlich, lediglich durch des Holofernes menschliche Achtung und Anerkennung ihrer Persönlichkeit bei ihr Liebe zu ihm erweckt. Durch diese gewaltsame psychologische Konstruktion beraubt sich der Dichter einer dramatischen Wirkungsmöglichkeit. Schließlich zwingt Jojakim, der Hohepriester, Judith zur Ermordung des Holofernes. Während Judith vom Hohenpriester und vom Volk dann als Gottes Werkzeug gepriesen wird, ist sie selbst gebrochen über ihre Tat. Wenigstens im Tode will sie mit dem Geliebten zusammen sein, entseelt bricht sie über seiner Leiche zusammen. Schmitzens Werk ist, wie wir sehen, im allgemeinen wenig dramatisch, erweist aber des Dichters Neigung zu psychologischer und gedankentiefer Ausdichtung. Der Hauptmangel seiner Tragödie liegt an der unzulänglichen Technik, die sich kaum über den Dialog erhebt. Die Charakterisierung der Personen erfolgt fast überall durch monologartig anmutende Reflexionen, die von diesen selbst ausgesprochen werden. Wenn Paul Ernst[77]) von Hebbel sagt, seine Helden müssen über sich reflektieren, so kann man dieses Urteil zu Recht auf Schmitz bezüglich seiner „Judith" anwenden. Alle drei Hauptpersonen charakterisieren sich in der Tat selbst. Der Holofernes von Schmitz ist der eigentliche tragische Held, er wird vernichtet durch die sittliche Vernunft der Dinge. Judith und Jojakim erscheinen als edle Schuldige, beide werden vernichtet durch ihre innere Endlichkeit, jene durch ihre Liebe zum Feinde, dieser durch sein leidenschaftliches zelotisches Auftreten. Schmitzens Tragödie stammt aus der Zeit der „Gründerjahre", einer Epoche, die wenig reich an künstlerischen Erzeugnissen der Literatur und auf dramatischem Gebiet besonders unfruchtbar gewesen ist. Seine deklamatorische Jambentragödie verrät zwar das Streben nach klassisch-schöner Form, nach Darstellung edler Menschlichkeit im idealen Sinne und nach gedankenreicher Tiefe, aber sie läßt doch allenthalben eine künstlerische Eigenart vermissen. Die Merkmale jener Epigonenzeit, die arm an intuitiv schöpferischen Gestalten war, spiegelt sich in seiner Dichtung, die sich in der Gedankenwelt von Lessing, Goethe und Hebbel unmittelbar an klassische Muster anzulehnen suchte und mit der Glättung akademischgepflegter Sprache dem Vorbild des Münchner Kreises nachkam.

[77]) Der Weg zur Form, München 1915.

VOLKSTÜMLICHE SPIELE.

Von Bearbeitungen volkstümlicher Art ist vermutlich eine der ältesten das schon erwähnte Stück des Anonymus, der sich stark an Bircks Drama angelehnt hat. Unter den neueren volkstümlichen Judith-Stücken ist zunächst eines zu nennen, dessen handschriftliches Original Anton Schlossar[78]) im Steiermärkischen Landesarchiv zu Graz gefunden und mit anderen deutschen Volksschauspielen der Steiermark zusammen herausgegeben hat. Die Zeit der Entstehung dieses Spieles ist ungewiß. Schlossar vermutet[79]) mit Recht, daß die Mitte des 18. Jahrhunderts in Betracht kommt, worauf schon die Erwähnung der Landesmutter — gemeint ist wohl die Kaiserin Maria Theresia — im Schlußgesang hinweist. Aber auch ohne diesen Anhaltspunkt ist es unschwer, die Entstehungszeit des Stückes annähernd zu bestimmen. Das komödienhafte Schauspiel enthält nämlich szenischgeformte Haupt- und Staatsaktionen, wie sie zur Zeit der Aufklärung beliebt waren. Dazwischen erscheint der Dialekt sprechende Hanswurst in der Rolle eines assyrischen, an die Juden gesandten Boden. Dieses Volksschauspiel ist der Typus des in jener Zeit so beliebten geschichtlich-religiösen Spektakelstückes, das von Wandertruppen aufgeführt wurde und alle Eigenheiten und Mängel der von den englischen Komödianten aufgebrachten Werke besitzt. Die Judith-Legende selbst ist nach der biblischen Vorlage wiedergegeben, erhält aber durch den modischen, gespreizten Kanzleistil, dessen sich alle Personen außer dem Hanswurst bedienen, das Gepräge einer Haupt- und Staatsaktion, wie es für die Entstehungszeit des Stückes ganz charakteristisch ist. Inmitten solcher hochtrabenden Szenen treibt nun der Pickelhäring als Hanswurst seine tollen und plumpen Späße der zeitgenössischen Posse. Namensverdrehungen, absichtliche Mißverständnisse und grobe Ausdrücke sind das Wesen dieser derben Komik, die auch vor Unanständigkeiten nicht zurückschreckt. Gottscheds Abneigung gegen solche rohe und abgeschmackte Hanswurstpossen ist zu verstehen. Trotzdem werden Stücke, wie das erwähnte, für die Kulturgeschichte eines Volkes stets von Bedeutung bleiben. Volkstümlichen Charakter trägt auch das Puppenspiel „*Judith und Holofernes*“, Lustspiel in vier Akten, welches in zwei handschriftlichen Exemplaren in der Landesbibliothek zu Weimar (vgl. Seite 56) enthalten ist. Das Stück stammt vermutlich aus der ersten Hälfte des 19. Jahrhunderts und dürfte seinen Ursprung in älteren, nicht überlieferten Spielen haben. Die Reste der

---

[78]) Deutsche Volksschauspiele. In Steiermark gesammelt. Herausgegeben von A. Schlossar, 2. Band, Halle 1891.

[79]) a. a. O., Seite 382.

alten Hanswurstpossen finden sich hier im Puppenspiele, dem Vorläufer der Repertoirstücke des modernen Kasperletheaters, wieder. Neben den biblischen Hauptpersonen vertreten der Hanswurst, der Hofnarr des Königs Nebukadnezar, Gretel und die beiden Juden Hirsch und Schmul das komische Element, das im ganzen Stücke dominiert. Holofernes bittet den König Nebukadnezar um die Erlaubnis, Hanswurst, der hie und da aus der Szene zum Publikum direkt spricht, wie es im heutigen Kasperlestück noch sehr gebräuchlich ist, als Spion mit in den Feldzug nehmen zu dürfen. Die tölpischen Witze des Hanswurst, die ein anspruchsloses Publikum unterhalten sollen, bestehen wieder in Mißverständnissen, in Wort- und Namensverdrehungen. Ähnlich banal sind seine anderen Späße. Der weibliche Hanswurst ist durch Gretel, die Feldmarketenderin, vertreten. Die biblischen Motive von Judith und Achior sind zwar beibehalten, spielen aber nur eine ganz nebensächliche Rolle. So treten zum Beispiel Judith und Holofernes gleichzeitig gar nicht auf. Während in dem Volksschauspiel aus Steiermark die Haupt- und Staatsaktionen mit den Hanswurstspäßen sich noch die Wage halten, ist hier die ganze Judith-Legende nur ein Mittel, um den Harlekin wirken zu lassen.

Weniger volkstümlich als mehr tendenziös ist ein anonymes Drama „Judith und Holofernes“ aus dem Jahre 1818. Der Verfasser dieses Stückes ist unbekannt geblieben. Auch das Anonymen-Lexikon[80]) gibt über den Urheber keinen Aufschluß. Das Vorwort des Dramas enthält einige Hinweise auf den Zweck, den es erfüllen soll. Nicht das jüdische Volk überhaupt wolle der Verfasser angreifen, sondern er wende sich gegen die Verherrlichung des von Judith ausgeführten Meuchelmordes, einer Grausamkeit, die noch jetzt von manchen Juden gerühmt werde. Und doch macht das Stück einen einseitig-antisemitisch-tendenziösen Eindruck. Luthers feinsinnige Deutung der alten biblischen Legende: „Judith heißt Judea, das ist das jüdische Volk, so eine keusche, heilige Witwe ist, das ist: Gottesvolk ist immer eine verlassene Witwe, aber keusch und heilig. Hofolernes heißt: Prophanus dux vel gubernator: heidnischer, gottloser oder unchristlicher Herr oder Fürst. Bethulia heißt eine Jungfrau“ scheint dem engherzigen Verfasser des Stückes nicht geläufig oder wenigstens nicht einleuchtend gewesen zu sein. Im Mittelpunkt der ganzen Handlung steht eine Person mit dreifacher Funktion: Adramelach, des Satans erster Minister, Uriel, ein jüdischer Seraph, und Achior, erst Hauptmann der Ammoniter, hernach Judenfürst in Bethulien, sind nach des Verfassers Anmerkung ein und dieselbe Person. Die Juden werden durch die Feinde oder ihre eigene Hand-

[80]) Deutsches Anonymen-Lexikon 1501—1850, bearbeitet von Holzmann und Bohotta, Weimar 1902.

lungsweise grundsätzlich als minderwertige Kreaturen dargestellt. Hierin liegt die polemische Tendenz, die sich durch das ganze Stück hindurchzieht. Die Veranlassung von Achiors Verbannung zu den Juden ist im allgemeinen der Bibel entsprechend, aber in die Satire übertragen. Holofernes hat sich über die „alberne Wahrsagerei" Achiors, betreffend das „feige Judenpack", geärgert und läßt ihn standrechtlich verurteilen. Judith wird nach Ermordung des Holofernes von Adramelach in das Reich der Hölle gebracht. Jüdischer Jargon und hebräische Ausdrücke verstärken die Tendenz. Überall ist der Verfasser bemüht, mit kunstlosen und rohen Mitteln alles Jüdische herabzuwürdigen. Literarisch interessant an dem Stück ist die daraus sprechende Abneigung gegen Gottsched (Adramelech: „Weit noch erträglicher spricht ja sogar in der Hölle mein Gottsched"), den man freilich schon längst überwunden hatte; kulturgeschichtlich von Belang scheint nur das Zeugnis damaliger antisemitischer Kampfesart. — Von größter Volkstümlichkeit war Nestroys Travestie „Judith und Holofernes" vom Jahre 1849. Hier ist literarische Satire. Das Erhabene der Hebbelschen Tragödie wird von dem Wiener Possendichter in trivale und lächerliche Formen gebracht und willkürlich mit Banalitäten durchsetzt. Der satirische Scherz beruht dabei auf einem starken Kontrast, hervorgerufen durch den an sich ernsten Stoff, der nun in einer lachenerregenden Form geboten wird. Respektlos hat Nestroy die Hebbelschen Personen ihrer individuellen persönlichen Züge entkleidet und sie zu drolligen, ja fratzenhaften Karikaturen gemacht. Seine Lust zur Travestie und Parodie entsprang aber nicht dem unmittelbaren Zweck, den Schöpfer von Werken, deren Karikatur er zeichnete, anzugreifen oder gar zu beleidigen, sondern sie wurzelte in der Absicht, sein Publikum zu belustigen. Die Verspottung des Hebbelschen Judith-Originals zeigt, welchen scharfen Blick Nestroy für etwaige Schwächen solcher Dichter, auf die er zielte, bewährte, und wie er solche Stellen zum Gegenstand seines treffenden Witzes und schlagfertigen Scherzes machte. Wir skizzieren kurz einige Stellen, die speziell auf Hebbels Tragödie gemünzt sind. Nestroy läßt z. B. im dritten Auftritt seinen Holofernes, analog Hebbels Art, den Helden über sich selbst reflektieren und sich selbst als Übermenschen darstellen zu lassen, folgendes sagen: „Ich bin der Glanzpunkt der Natur, noch hab' ich keine Schlacht verloren, ich bin die Jungfrau unter Feldherren. Ich möcht' mich einmal mit mir selbst zusammenhetzen, nur um zu seh'n, wer der Stärkere ist, ich oder ich". Diese Stelle soll den Hebbelschen Feldherrn, der „das sich selbst überstürzende Heidentum" darstellt und der „sich selbst auf die Schultern steigen" möchte, verspotten und hat in ihrer epigrammatischen Schärfe und Kürze gewiß ihre Wirkung nicht verfehlt. Während diese parodistische Behandlung des Holofernes eine gewisse Einseitigkeit und Eigentümlichkeit Hebbels geißelt, zeigen andere Vergleiche, daß nur das Erhabene in trivialer Form geboten wird. Satirisch auf Hebbel bezogen ist auch die Zurechtweisung, welche der Nestroysche Holofernes ausspricht: „Stille! Ich allein denk', und wer sich Gedanken anmaßt, der begeht einen Einbruch in meinen Kopf". (Hebbel: „Wer bist du, daß du wagst, mir die Gedanken aus dem Kopfe zu stehlen?") Es ließe sich noch eine lange Reihe von Beispielen für weitere Wendungen, welche Hebbels „Judith" persiflieren sollen, anführen, z. B., wenn Nestroy den Holofernes sagen läßt: „Sattle mir das buckligste meiner Kamele" oder den Auftritt, wo der Nestroysche Holofernes drei Leute ersticht, weil sie Judith angesehen haben. Hatte Nestroy zur Zielscheibe seines Witzes einmal die Hebbelsche „Judith" gemacht, so erweist er sich anderseits als Nachfahr des alten Hanswurst in der sonstigen Wahl seiner Mittel. Auch seine Personen haben alle etwas vom Spaßmacher mit der Pritsche übernommen und repräsentieren ihn mehr oder weniger in modern gewordener Form. Ganz in der alten Harlekinsart sind Späße, die auf Mißverständnissen beruhen. Besonders erinnert an die Hanswurststücke die drittletzte Szene, wo Nestroys Judith, die in Wirklichkeit von Joab, dem Volontär in der jüdischen Armee, dargestellt wird und in geschickter Maskierung auftritt, mit einem dem Holofernes ähnlichen, aber größeren Kopf aus dem Schlafzelt heraustritt und ruft: „Hat ihm schon", worauf Holofernes mit listigem Lächeln an der rechten Seite des Vorhangs herausschaut. Dieser selbst hatte nämlich schon, nichts Gutes ahnend, zu Achior gesagt, er solle wegen seines Kopfes eine schützende Vorkehrung treffen. Aber die Hanswurst-Judith (Joab) triumphiert trotzdem: „Ha, auch der falsche Kopf hat die rechte Wirkung getan!" Im Zusammenhang mit diesen Harlekinspossen läßt Nestroy seine Personen reichlich banale und triviale Ausdrücke anwenden. Holofernes und seine Umgebung sind nach eigenen Worten „graue Vorzeitler", die Juden will er wie die „Schwaben ausbrennen". Die Hebräer sprechen natürlich viel von Geschäften, Börse und „Perzenten", ja vom Steigen der assyrischen Nordbahnaktien. Ebenso fehlt es nicht an anderen absichtlichen anachronistischen Verstößen. Nestroy, der selbst von der Bühne herkam und mit seinem leichtlebigen, wienerischen Temperament schon immer gern sarkastische Extempora auf die Szene gebracht hatte, um sich die Gunst des Publikums zu erringen, betätigt diese Vorliebe auch in seinem dramatischen Produktionen. Hans Sittenberger[81]) hat schon gezeigt, daß Nestroy

[81]) Johann Nestroy, Jahrbuch der Grillparzer-Gesellschaft, herausgegeben von Glossy, 11. Jahrgang, Wien 1901, Seite 135 ff.

gern Anspielungen auf die Zeitverhältnisse anwandte, ohne daß sie im direkten Zusammenhang mit seinem Stück zu stehen brauchen. Zu solchem Verfahren mag ihn wohl die geistige Unfreiheit damaliger Zeit veranlaßt haben. Auch das geistige Leben stand zur Zeit der Abfassung von Nestroys Travestie (1849) noch unter den Nachwirkungen eines Metternich, gegen die selbst in der Literatur nur Anastasius Grün offen vorzugehen wagte, und so ist es erklärlich, daß Nestroy, der von den liberalen Forderungen der Revolution erfüllt war, zu den in Scherz verkleideten Bemerkungen griff, um einen Konflikt mit der Polizei, wozu eine offene Aussprache leicht geführt haben würde, zu vermeiden. Auch in seiner „Judith" findet man einige, wenn auch wenige Bemerkungen, die sich auf die Zeitereignisse beziehen. Es ist vielleicht nicht zu viel gesagt, wenn man Nestroys Abneigung gegen die Geistlichkeit, die alles Neuzeitliche zu unterdrücken suchte, in des Holofernes Worten, die an den Oberpriester gerichtet sind, wiederzufinden meint: *„Wenn du mir aber ein Götzen-X für ein Vernunft-U machen willst, so thu ich einmal deinen Göttern einen guten Tag an und laß dich selber opfern."* Freilich persiflieren diese Worte gleichzeitig den Hebbelschen Holofernes, der ebenfalls sehr rigoros mit dem Hohenpriester umgeht. Auch die Äußerung des Holofernes: *‚Ich bin ein großartiger Kerl"* und des Gesandten devote Worte: *„Ich erlaube mir, im Namen meines Beherrschers vor deinem Grimm zu beben"*, lassen sich als sarkastische Bemerkungen mit Bezug auf die politische Reaktion deuten. Unmittelbare Beziehung zur Zeit enthalten schließlich Judiths Worte bei dem Trinkgelage, wenn sie den ihr gebotenen Wein verschmäht, weil er „Achtundvierziger" sei. Nestroys nachhaltige Wirkung, die heute noch besonders im „Lumpazivagabundus" fortlebt, zeigt, daß er eine eigenartige Persönlichkeit war und es zu einem geschickten Darsteller von Karikaturen gebracht hat. Seine Volkstümlichkeit, die zum großen Teile auf der Wiederbelebung der Traditionen des Altwiener Theaters beruht, hat auch in der Weiterbildung der Hanswurstiaden, die er von mehr roher und derber Lustigkeit zur Satire fortentwickelte, seinen Grund. Außerhalb seines eigentlichen Elements, der Bühne, soll sich Nestroy häufig befangen gefühlt haben. So erzählt L. A. Frankl[82]) eine Anekdote vom persönlichen Zusammentreffen Nestroys mit Hebbel. Gelegentlich einer Gesellschaft habe Hebbel dem „Kollegen" Komplimente gemacht und ihn zu seinem theatralischen Erfolg beglückwünscht. Nestroy aber, der übermütige Parodist, habe vor Verlegenheit kein Wort sagen können, und um diese zu verbergen,

---

[82]) Zur Biographie Friedrich Hebbels, Wien 1884, Seite 53.

sich beständig verbeugt und die Hände gerieben. — Ein weiteres Zeichen der Volkstümlichkeit und Drastik des Judith-Motivs gibt uns auch Theodor Fontane. Er läßt in seinem Roman „Stine" eine „Kartoffelkomödie" aufführen: „Judith und Holofern, Trauerspiel in zwei Akten von Tussauer, ohne Musik". Volkstümliche Bearbeitungen aus der neuesten Zeit, literarisch ohne jede Bedeutung, bieten noch etliche Stücke, deren Bibliographie sich auf Seite 57 befindet.

DIE JÜNGSTEN DRAMATISCHEN BEARBEITUNGEN.

Otto Burchards „patriotisches Schauspiel" aus dem Jahre 1915 und Sebastian Wiesers „biblisches Spiel" (1919) bringen nur unbedeutende Veränderungen des überkommenen biblischen Motives. So ist bei Burchard der Ammoniterkönig Achior deshalb, weil er einst dem Holofern die Waffenfolge gegen die Meder verweigert hat, von diesem gefangen genommen worden. Achiors Warnung vor den Juden stimmt dann wieder mit dem biblischen Vorbild überein. Daneben finden sich noch andere Variationen kleiner Nebenmotive, z. B. folgende: Bagoa, des Holofern Kämmerer, führt seinem Herrn, um ihm eine Kurzweil zu bieten, vier alte gefangene Juden vor, die eingelernte Worte sprechen müssen. Als dann Judith vorgeführt wird und Holofernes lächelnd fragt, ob diese auch eine neue Unterhaltung bedeute, da antwortet Bagoa mit gewisser tragischer Ironie: „Herr, dieser Scherz war nicht von mir erdacht". Auch die letzten Worte vor der Ermordung enthalten tragisch-ironische Andeutungen. Holofernes erinnert seinen Getreuen, das Schwert nicht zu vergessen — womit Judith ihn alsbald erschlägt. In szenischer Hinsicht bringt Burchard eine moderne Neuerung dadurch, daß er bei dem Gelage Judith nach der Musik von Cymbel, Trommel und Schalmei tanzen läßt. Die „Judith" des katholischen Geistlichen Sebastian Wieser, welche einer Sammlung „Biblische Spiele" angehört und im Untertitel „Schauspiel in fünf Akten" benannt ist, trägt wieder mehr volkstümlich-religiösen Charakter. Dem rohen Heidentum der Assyrer werden die frommen Bethulier gegenübergestellt. Wieder spielt Achior wie in der Bibel eine Ausnahmerolle innerhalb der Begleitung des Holofernes. Er ist der einzige, der nicht an Nebukadnezar als einen Gott glaubt. Bei den Juden angekommen, gesteht er Judith — abweichend von der Bibel — seine Liebe und folgt ihr zum Feinde, um sie zu retten. Aus Liebe zu Judith bezeichnet er sich selbst als Mörder des Holofernes. Diese Aufopferung wird ihm zum Verhängnis. Die Assyrer glauben ihm, in der Annahme, er habe sich an Holofernes rächen wollen, und man sticht ihn nieder. Auf den religiösen Charakter dieses Stückes weisen auch die Verwendung von Engeln, der häufige

Gebrauch biblischer Zitate und Judiths entsagungsvolles Bekenntnis am Schluß des Spieles. — Im schroffen Gegensatze zu diesen Stücken steht Georg Kaisers „Biblische Komödie" aus dem Jahre 1911 *„Die jüdische Witwe"*. Kaiser hat den alten legendaren Stoff ironisch behandelt und in die Form einer dramatischen Groteske gebracht. Hatte Hebbel in seiner Tragödie heroische Personen gestaltet, so hat Kaiser seine Figuren in das bürgerliche Gewand des Alltags gekleidet und sie in ihrer unzulänglichen Menschlichkeit dargestellt. Die Idee der Komödie ist folgende: Judith, ein zwölfjähriges Mädchen, wird ganz gegen ihren Willen mit Rücksicht auf Konvention und Familienüberlieferung dem greisenhaften Schriftgelehrten Manasse zur Frau gegeben. Dieser Expositionsgedanke enthält schon das Thema: Wie wird sich das Verhalten der Kaiserschen Judith weiter entwickeln? Im Gegensatz zu Hebbel, der dem Zuschauer selbst überlassen hat, sich das Mysterium von Judiths Ehe zu erklären, verfährt nun Kaiser ganz anders. Die wider alle Natur gehende Ehe Judiths wird letzten Endes zur Veranlassung für sie, in das assyrische Lager zu gehen, um einen ihr begehrenswert erscheinenden Mann zu erleben. Der inzwischen verstorbene Gatte, der Judith unberührt ließ, hat dadurch gegen das Gesetz verstoßen. Nun glaubt sie, im Gespräch mit den Stadtältesten, das Unglück der Stadt auf die von ihrem Mann begangene Gesetzesverletzung zurückführen zu müssen. Unter den Juden findet sie keinen Mann, und so geht sie in Männertracht verkleidet in das feindliche Lager. Dort beim Feinde, der keine Weiber mit sich führt, glaubt Judith, an ihr Ziel zu gelangen. Anfänglich imponiert ihr auch Holofernes gewaltig, als aber der König Nebukadnezar einen Traum erzählt, er habe mit Holofernes Hand und Kraft getauscht, erscheint ihr der König noch lieber als sein Feldherr. So schlägt sie diesem das Haupt ab, um sich ihm zu entziehen, um sich zugleich aber dem König hingeben zu können. Doch Nebukadnezar ergreift die Flucht, als er sieht, daß sein Feldherr erschlagen ist; mit ihm fliehen die Assyrer. So ist eigentlich ohne ihren Willen Judith zur Retterin von Bethulien geworden, wiederum aber um ihre Sehnsucht nach einem Mann betrogen. In die Stadt zurückgekehrt, wird sie mit höchsten Ehren aufgenommen und soll vom Hohenpriester gleichsam wie eine Vestalin ins Allerheiligste geführt werden, was für sie lebenslängliche Trennung vom Manne zur Folge hätte. Mit stärkstem Widerstand sträubt sie sich deshalb gegen diese Ehrung. Doch als sie den Hohenpriester sieht, der zu der heiligen Zeremonie vor dem zum Allerheiligsten führenden Vorhang bereitsteht und auf sie wartet, da folgt sie ihm, hingerissen von seiner schönen Männlichkeit, auf die „Frist eines Fußfalles" hinter den Vorhang, um endlich dieses Mannes Opfer zu werden. Kaisers dramatische Groteske hat sich an einen heiklen Stoff gewagt. Die Komik der Gesamthandlung besteht darin, daß Judith zweimal zum Tempelgang gezwungen wird. Diese zwei Hauptmomente im Anfang und am Schluß — beide Male ist der Vorplatz des Tempels der Schauplatz — umschließen die ganze Komödie und zeigen die symmetrische Struktur des Stückes. Aber in diese äußeren szenenhaften Entsprechungen sind stärkste Gedankenkontraste hineingelegt: Sträubt sich dort Judith vor dem Tempelgange um eines verabscheuten Mannes willen, so gibt sie hier erst dann ihren Widerstand, in den Tempel zu gehen, auf, als sie des begehrenswerten Mannes ansichtig wird. Auch in einzelnen Zügen weiß Kaiser komisch-groteske Situationen zu gewinnen. So ruft Judith, als sie den Holofernes ermordet hat, zu dem fliehenden Nebukadnezar: „Er kann dir doch nichts mehr tun“ (weinerlich) „Er soll doch nun nicht fortrennen“. Von überwältigender Komik ist der Schluß des Stückes. Nach langem Sträuben hat sich Judith in den Tempel schleppen lassen. Noch immer weigert sie sich, weitergeführt zu werden. Mehrfach hat der Oberpriester schon aufmerksam gemacht, daß er „auf die Frist eines Fußfalles“ ins Allerheiligste gehen wolle und daß auch Judith „auf die Frist eines Fußfalles“ beurlaubt werden möchte, was die Stadtobersten mit denselben Worten einräumen; endlich hat Jojakim im zweiten Vorraum, wo nur die noch anwesenden Priester weilen dürfen, diese ebenfalls „auf die Frist eines Fußfalles“ vertröstet. Dann aber erfolgt lange und tiefe Stille und als der Hohepriester und Judith noch immer nicht zurückkehren, da tritt Osias zu dem alten Priester von Jerusalem mit bedeutungsvollen Worten: „Jedenfalls ist die Art eines Fußfalles bei euch in Jerusalem eine andere“. Kaiser scheint es darauf angekommen zu sein, das Leben zu ironisieren, indem er durch zufällig-lächerliche Beweggründe, instinktiv gefühlte, aber unbewußte Regungen, wie sie der naiv-sinnlichen Eva-Natur seiner Judith eigen sind, eine große Tat vollbringen läßt. Seine Judith behauptet sich im Streit gegen äußere Einwirkungen, um ihren Zweck, Weib zu werden, zu erreichen. Sie kommt an ihr Ziel auf äußerlich groteskem Wege durch einen Kampf, den sie innerlich vielleicht sogar tragisch empfinden mag. Zum Motto seiner Komödie wählt sich Kaiser Nietzsches Worte: *„O meine Brüder, zerbrecht mir die alten Tafeln“*. Mit diesem Programm enttäuscht der Verfasser etwas. Warum er seinen an sich witzigen Einfall in fünf lange Akte gekleidet hat, ist nicht recht ersichtlich. Die den ganzen zweiten Akt ausfüllende Badehofszene soll den greisenhaften Gatten Judiths charakterisieren, wohl um Judiths Sehnsucht nach einem Manne begreiflich zu machen. Dazu hätte es nur knapper, andeutender und delikaterer Mittel bedurft. Auch Judiths naiv-sinnliche Aufforderung an beide Stadtoberste, sie zu besuchen, und die entbehrliche Erzählung von Uz über ein ärztliches Zeugnis bewegen sich auf der Grenze des guten Geschmackes.

Literarisch weniger bedeutende deutsche Bearbeitungen des Judith-Motivs seien im folgenden kurz zusammengestellt: G. Reutter ist nach Riemann (Opernhandbuch, Leipzig 1887—1893) vermutlich Verfasser des deutschen Textes zu Metastasios Oratorium „Betulia liberata", etwa 1734 (Komponist Mussini). — Volkstümlich scheint die „Judith" von Isaac Pfaler (Nürnberg 1771) zu sein. Alle Nachforschungen nach dem Text waren erfolglos. — Von Komponisten deutscher Judith-Oratorien nennt Hugo Riemann (Opernhandbuch) folgende: Jos. Emmert (Würzburg ca. 1800) — Joh. Strauß (Karlsruhe ca. 1830) — K. Eckert (Berlin 1841) — Konstant. Bernecker (Königsberg 1877) — W. Fritze („Judith und Holofernes", ca. 1870). Ferner gibt es nach Hugo Riemann (a. a. O., Seite 252, 731 und 801) noch eine Reihe deutscher opernhafter Judith-Bearbeitungen, von denen meist nur die folgenden Komponisten, selten die Textdichter bekannt sind: Georg Fuss (Melodram, Preßburg 1798) — Joh. Evang. Fuss[83]) (biblische Oper, Text von G. Ant. Meister (Wien 1814) — Emil Naumann (Dresden 1858), Text nach Hebbel (Purdie, a. a. O., Seite 20 Nr. 89) — Karl Götze (Text von Fr. Mölle, Magdeburg 1887) — Martin Röder (ca. 1875, nicht aufgeführt) — Alfr. Richter (ca. 1875, nicht aufgeführt) — Jul. Rietz (Musik zu Hebbels „Judith", Leipzig 1851). — Bei Robert Eitner (Judith-Ouvertüre) und v. Lazarew („Der Tod des Holofernes", symphonische Dichtung) sind die Jahreszahlen nicht bekannt. Von den vorgenannten Bearbeitern musikalischer Gestaltungen des Judith-Motivs erwähnt auch Purdie, a. a. O., einige, nicht alle. — An dramatischen Dilettantenstücken sind folgende zu nennen (vgl. auch die Bibliographie Seite 57 f.): „Judith" (anonym), volkstümliche Bearbeitung für die Jugend: ohne Jahresangabe, scheinbar aus der zweiten Hälfte des 19. Jahrhunderts. Das Stück, ein dramatisches Spiel für Mädchen, in jambischen Versen abgefaßt, ist für das kindliche Gemüt berechnet. — Ähnlichen Charak-

[83]) Purdie, a. a. O., S. 19 Nr. 75, schreibt Joh. Fuß das Melodram 1798 zu und erwähnt G. Fuß nicht, ebensowenig eine Oper von 1814. Purdie hat wohl den Supplement-Band v. Riemann Leipzig 1893 (Seite 801), wo Joh. Evang. Fuß als Komponist der biblischen Oper Judith (Wien 1814) erwähnt wird, nicht berücksichtigt.

ter haben: Anna Sartory, Judith, die Heldin von Bethulia. Drama in vier Akten, Einsiedeln 1907. — Ponholzer, Judith, die Heldin von Israel, biblisches Schauspiel mit Gesang in 2 Akten, 2. Auflage, Kempten und München 1907. — A. Jacoby, Judith. Biblisches Schauspiel in 2 Aufzügen. Warendorf 1924. — Rosmarie Menschick, Judith. Biblisches Schauspiel in 4 Aufzügen. München 1921. — Radermachers Damenbühne, Bonn 1911—1914: Dramatische Spiele, 108. Heft: Judith (in drei Akten). — Vereins-Bühne, Dülken 1911—1914, Sprecher am Niederrhein: Th. Pollmanns, Judiths Sieg. Schwank. (Da Verlag eingegangen, nicht nachgeprüft). — „Judith", aufgeführt von Apels Theater und Konzerttruppe. Der Text ist nicht erhalten. Vorhanden ist der Theaterzettel, der sich in einer Sammlung von Puppenspielen befindet, die etwa aus den Jahren 1860—1913 herrühren und in der Staatsbibliothek zu Berlin aufbewahrt sind. Abschrift in der Bibliographie, Seite 57. — Epische Darstellungen ohne Anspruch auf literarische Bedeutung sind: Catharina Gondlach, Judith. Eine Erzählung aus vorchristlicher Zeit. Dritte Auflage, Mainz 1929. — Rudolf Kulemann, Judith. Epos., Dresden 1863. — Nordensgard, Judas und Judith. Ein Traum an den Pforten des Paradieses. Leipzig 1921. (Da Verlag eingegangen, nicht nachgeprüft.) — Max Krell, Judith in Sargossa (Neue Deutsche Erzähler, Band 3, Regensburg und Leipzig 1924. Nicht völlig durchgeführte Parallele zur biblischen Judith, spielt in napoleonischer Zeit.) — Nur losen Zusammenhang mit dem Judith-Motiv weisen auf die Predigtsammlung; H. Balgo, Judith oder Heldenkraft und Heldentrost, Kriegs- und Fastenpredigten, Dülmen 1915, und Eduard P. Danzky, Die neue Judith, Roman, Berlin 1919. (Hier heißt die Hauptperson Judith. Ein Maler, der die biblische Judith malt, gibt seinem Porträt die Züge der Hauptperson des Romans.) — Elisabeth Fischer-Markgraff, Judith, die Geschichte eines Liebchens. Berlin 1928 (Erwähnung eines Bildes von Judith). Mancherlei Literatur hat als Titel den Namen Judith, ohne daß überhaupt ein Zusammenhang mit unserem Motiv besteht. Hierher gehören: Judith (anonym), ein Roman aus dem Englischen, Erfurt 1802. — Luise von François, Judith, die Kluswirtin, Roman, letzte Ausgabe, Berlin 1927. —

Die ausländischen Bearbeitungen des Judith-Motivs sind zahlreich. Über die englischen bringt Purdie, a. a. O., eine ausführliche Bibliographie. Bei der großen Fülle von literarischen Verwertungen des Judith-Motivs kann die folgende Zusammenstellung ausländischer Werke nicht lückenlos sein. Von manchen fremdsprachlichen Dramen ist nicht der Text, wohl aber die Aufführung bekannt. Ein Verzeichnis der Aufführungen befindet sich auf Seite 58 f.

Die älteste dramatische Darstellung ist nach L. Blaß (Das Theater in Böhmen, Prag 1877, Seite 14) ein französisches Stück von Lederin 1510. Ein ladinisches Drama von Durich Campell ist aus dem Jahre 1554. Greffs „Judith" wurde nach Leo Blaß (a. a. O., Seite 16) von Nicolaus Konac in das Böhmische übersetzt und erschien so 1547 im Druck. Auch Hans Sachsens Stück wurde aus dem Deutschen in die böhmische Sprache übersetzt, und zwar von Nicolaus Wrana, Bakalar, und erschien 1605 in Prag (L. Blaß, a. a. O., Seite 16). — Ein lateinisches Stück (kein Jesuitendrama) von 1590 befindet sich handschriftlich in der Bibliothek des Gymnasiums Theodorianum in Paderborn. Der Titel des Werkes heißt: Historia Judithae (in roter Schrift), der Anfang der Einleitung: Exhibita viennae & nonnihil aucta anno 1590. Das Werk ist als letztes mit elf anderen Handschriften zusammengebunden, deren Gesamttitel lautet: Tomus I Carminum in quo continent varij dialogi et mediae et tragoediae veteris testamenti ad usum Leornardi Rubini, darunter: Mony Abdinghoff ord: S. Benedicti Paderbornae. Hierzu teilte die Paderborner Gymnasialbibliothek mit, daß Ruben 1598—1609 Abt des Paderborner Benediktinerklosters Abdinghof war. Das Stück ist zur Aufführung in der Klosterschule bestimmt gewesen, hat also den Charakter eines Schuldramas. Nach der Bezeichnung in der Einleitung (exhibita Viennae) mag das Stück in Wien entstanden und dort zuerst vielleicht bei Anwesenheit der drei österreichischen Erzherzöge, welche in der Einleitung erwähnt sind, gespielt worden sein. Mit den Jesuitendramen hat das Werk nichts zu schaffen. Die Jesuiten kamen zwar etwa 1580 nach Paderborn (vgl. Wilh. Richter, Geschichte der Paderborner Jesuiten. Erster Teil, 1580—1618, Paderborn 1892, Seite 2). Der handschriftliche Bestand der Paderborner Jesuitendramen in der Theodorianischen Bibliothek enthält aber keine „Judith". Vgl. W. Richter, Paderborner Jesuitendramen. (Mitteilungen der Gesellschaft für deutsche Erziehungs- und Schulgeschichte, Jahrgang IV, Berlin 1894, Seite 5 ff.) Nach Aufhebung des Klosters Abdinghof (1802) ist die Handschrift in den Besitz der Theodorianischen Bibliothek gekommen. Das Stück ist zwar lateinisch geschrieben, hat aber neben den lateinischen Prologen und den lateinischen Argumenten der Akte auch solche in deutscher Sprache. Bemerkenswert ist im Prolog zum ganzen Stücke ein eingehend durchgeführter Vergleich zwischen Judith und der heiligen Maria, deren Lebenswandel für Judith vorbildlich gewesen sei. Auf den katholischen Charakter des Stückes weist auch das Auftreten des Diabolus und des Erzengels Raphael. Mit dieser Paderborner Handschrift 1590 stimmt überein Cod. 13 240 der Bibl. Pal. Vind. (Hof- und Staatsbibliothek zu Wien). Die Wiener Handschrift hat jedoch keine Vorrede und beginnt gleich mit „Prologus Germanicus in Comoediam". — Ein ähnliches Judith-Stück in nur lateinischer Sprache ohne deutsche Argumente befindet sich ebenfalls in Wien unter der Bezeichnung Cod. 13 224. Es scheint ungefähr aus derselben Zeit zu stammen, ein genauer zeitlicher Anhangspunkt fehlt. Im Prolog wird auf die Türkengefahr angespielt. Die Handschrift Cod. 13 224 selbst ist im Gegensatz zu dem schwer leserlichen Cod. 13 240 gleichmäßig und deutlich geschrieben. — Nach Hugo Riemann, a. a. O., Seite 252, 731 und 801, gibt es zu dem italienischen Text von Metastasios Oratorium noch Kompositionen folgender deutscher und italienischer Tondichter: Andr. Bernasconi (Wien 1738 und München 1754). — Fr. Ant. Almeida (ca. 1740). — Nic. Jonelli (1743 und Prag 1745: „La vittoriosa Giuditta"). — Ign. Holzbauer (Stuttgart 1752 und Mannheim 1774). — Pasq. Cafaro (ca. 1760). — W. Amad. Mozart (ca. 1770, wahrscheinlich für Parma geschrieben, eine Nummer ca. 1780 nachkomponiert). — Flor. Leop. Gassmann (ca. 1770). — Franz Seydelmann (Dresden 1776). — I. G. Naumann (ca. 1780). — P. Guglielmi (Bologna 1796: „Il trionfo di Giuditta" und Parma 1803: „La morte d'Oloferne"). — Leop. Kozeluch (ca. 1780, nicht aufgeführt). — Nic. Sala (Neapel 1780). — P. Pomp. Sales (1783). — P. v. Winter (Venedig 1792). — Jos. Schuster (Dresden 1797). — Ant. Salieri (Wien 1821). — Endlich ist „Der wütende Holofernes" von Karl Weisflog (ca. 1825) eine Satire auf die vielen Judith-Oratorien. — Ein weiteres von einem Italiener stammendes Oratorium über Judith ist das Werk (1790) von Bonaventura Furlanetto: Betulia liberata. Actio sacra usw. Es befindet sich in den Univ.-Bibliotheken zu Leipzig und Tübingen (vgl. die Bibliographie, Seite 56). Furlanetto war zwar bei Abfassung seines Werkes schon Jesuit, auf welchen Umstand auch wohl der lateinische Text zurückzuführen ist, doch ist sein Werk ein Oratorium (actio sacra). Er wurde deshalb nicht bei den Jesuiten erwähnt. Vermutlich ist Furlanetto auch Dichter des Librettos zu seiner Musik. — H. Riemann (a. a. O., Seite 252 f., Seite 731 und 801) nennt noch folgende andere italienische Komponisten, deren Werke scheinbar keinen Bezug zu Metastasio haben: Lorenzo Giudetti (Bologna 1621). — Dom. Freschi (Venedig ca. 1680). — Ant. Draghi (ca. 1695).

— G. C. Ag. Badia (Wien 1710, Text von Nuncia Stampiglia). — Bened. Marcello (Venedig 1710). — G. M. Orlandini (Ancona 1723). — Guis. Porsile („Il trionfo di Giuditta", Text von Bern. Maddali, Wien 1723). — Jac. Franc. Milano, Marchese di San Giorgio, Principe d'Ardore („La morte d'Oloferne", ca. 1760). — Dom. Cimarosa (Florenz 1780). — Luigi Caruso (Urbino 1781). — P. Bonfichi (Kantate, Text von B. Rassi, Rom ca. 1825). — P. Raimondi (zwei Teile, Neapel 1827). — Em. Cianchi (Florenz 1854). — P. Veronge de Lanux (Kantate, 1876). — Italienische Bearbeiter von musik-dramatischen Judith-Werken sind außer den genannten Oratorien-Komponisten: Sam. Levi (Text von Peruzzini, Venedig 1844). — Achille Peri (Text von Marcello, Mailand 1860). — Telesforo Righi (Turin 1871). — Romualdo Marenco mit Luigi Rossi (Turin 1874). — Enr. Sarria (Neapel 1875). — Conte Dom. Silveri (Catania 1885). — Ferner sind an ausländischen Komponisten von Judith-Oratorien zu nennen: englische[84]) (von Purdie nicht erwähnt): I. Chr. Smith (London 1770). — Jacob Bradford (London 1888). — Ch. Hub. Hast Parry (Birmingham 1888). — Französische: Noël Hamal (Lüttich ca. 1760). — Berm. Bonesi (Paris 1781). — Ed. Nic. Buchet (Verviers 1854). — Ein spanischer: A. A. F. Valenti (ca. 1860). — Scheinbar aus dem 18. Jahrhundert ist das anonyme französische Werk: Judith, poème héroique par P. V. M. (Landesbibliothek Dresden, Lit. Gall. A. 1914). — Der Text einer russischen Oper von Alex. Serow, Petersburg 1861, befindet sich in der Staatsbibliothek Berlin. Über die französische Oper von Chr. Ed. Lefebvre, Text von P. Collin, Paris 1879, deutsche Bearbeitung von Hermann Wolff, etwa 1886, vgl. Bibliographie, Seite 56. — Hebbels „Judith" wurde neuerdings von Jakob Horoviz in das Hebräische übersetzt und am hebräischen Nationaltheater aufgeführt. („Dresdner Nachrichten" vom 31. 7. 1928. Nr. 357). — Arnold Benett hat den englischen Text zu einer Oper Judith verfaßt, die von Eugene Goossens komponiert wurde.

---

[84]) H. Riemann, Opernhandbuch, erwähnt diese im Supplement-Band Leipzig 1893, Seite 801.

BIBLIOGRAPHIE
DER VON MIR BENUTZTEN TEXTAUSGABEN.[1])

Sixt Birck (Deutsche Ausgabe): Judith. Eine schöne Historie.... Straßburg MDLIX (in der Staatsbibliothek Berlin).

Sixt Birck (Lateinische Ausgabe): Judith, drama comicotragicum... (Enthalten in: Dramata sacra Basileae ohne Jahresangabe [= Dramat. Sacr. tom. sec., Seite 207] in der Ratsschulbibliothek zu Zwickau.)

Joachim Greff: Tragedia des Buches Judith... Wittenberg 1536 (in der Landesbibliothek zu Weimar).

Wolfgang Schmeltzl: Comoedia Judith... 1542 (nach der Abschrift[2]) von Karl Weinhold, in der Staatsbibliothek Berlin. Signatur: Ms. germ. qu. 1330).

Cornelius Schonaeus: Terentii Christiani Juditha. (Enthalten in:) Terentius Christianus. Coloniae. MDCXIV (in der Universitätsbibliothek zu Greifswald).

Anonyme Bearbeitung 1564: Ein schön Biblisch Spyl... 1564. Gedruckt zu Straßburg (in der Landesbibliothek zu Weimar).

Hans Sachs: Ein comedi mit 16 personen zu recidiren, die Judith, und hat fünff actus. (Bibliothek des Literarischen Vereins in Stuttgart, Bd. CX, Tübingen 1872 = Hans Sachs, herausgegeben von Adelbert v. Keller, 6. Band, S. 56 ff.)

Samuel Hebel: Ein Spil von der Belegerung der Stadt Bethulia... Wien MDLXVI (in der Universitätsbibliothek Göttingen).

Martin Boehme: Tragicomoedia. Ein schön Teutsch Spiel Vom Holoferne und der Judith. Wittenberg. Im Jahre 1618 (in der Landesbibliothek Wolfenbüttel).

Martin Opitz: Martin Opitzen Judith. Zu Bresslaw druckts und vorlegts Georg Baumann, 1635 (Universitätsbibliothek Göttingen).

---

[1]) E. Purdie, 1927, a. a. O., S. 1 ff., bringt besonders für die englischen Bearbeitungen eine eingehende Bibliographie. Purdie scheint meine Diss., Greifswald 1922, nicht gekannt zu haben, da weder auf meine darin befindliche Bibliographie noch auf meine chronologische Zusammenstellung der Judith-Aufführungen hingewiesen wird.

[2]) Die Abschrift trägt folgenden Vermerk: „Da das von mir 1884 copirte Exemplar der Schmeltzlschen Judith auf der Universitäts-Bibliothek in Graz später verschwunden und kein andres Exemplar dieses Dramas bekannt ist, überliefert diese Abschrift allein den Text dieses Stückes W. Schmeltzls. K. Weinhold".

Andreas Tscherning: Martin Opitzen Judith. Rostock. 1646 (Staatsbibliothek Berlin).

Christian Rose: M. Christian Rosen Mittenwaldensis Holofern. Hamburg 1648 (in der Staatsbibliothek Berlin).

„Holofernes“ 1640 (Programm), Salzburg[3]). Holofernes Assyriorum Dux (lateinisch und deutsch, in der ö. Studienbibliothek zu Salzburg).

„Holofernes“ 1640 (Handschrift). Holofernes. Patris Aemiliani è S. Petro (handschriftlicher, vollständiger, lateinischer Text, 40 Blatt, in der Staatsbibliothek München, zusammengebunden mit anderen Benediktiner-Dramen. Signatur: Cod. bav. 690. Cod. lat. 1690. Auf dem Inhaltsverzeichnis [Blatt 1] ist als Verfasser des „Holofernes“ P. Aemilianus Pürckel angegeben).

Ingolstädter Jesuitendrama von 1642: Von Holoferne (in der Staatsbibliothek München. Signatur: Bavar. 4025).

Avancinus, 1643: Fiducia in Deum sive Bethulia liberata (in:) Tragediae R. P. Nicolai Avancini[4]) pars II (Seite 360 ff. in der Staatsbibliothek Berlin, Signatur F 4657).

Landshuter Jesuitendrama 1654: Juditha et Holofernes, MDCLIV, München (in der Staatsbibliothek München, Signatur Bavar. 2197. III 1. bis 113. — Judith = Nr. 52).

Münchener Jesuitendrama von 1679: Victrix Fiducia Bethuliae. Anno MDLXXIX (in der Staatsbibliothek München. Signatur Bavar. 2193. III 1.—71. — Victrix usw. = Nr. 70).

Augsburger Jesuitendrama von 1693: Victrix Fiducia Bethuliae. 1693 (in der Staatsbibliothek München, Signatur: Bavar. 2193. V 1—88, Victrix usw. = Nr. 28 und in der Staats-, Kreis- und Stadtbibliothek zu Augsburg).

Heidelberger Jesuitendrama von 1720: Judithae de Holoferne iustitae de impietate triumphus. (Handschriftlich in der Staatsbibliothek München. Signatur: Cod. lat. 1693, Cod. bav. 693.) MDCCXX Calend. octobr.

Joachim Beccau: L'amor insanguinato oder Holofernes (enthalten in:) Theatralische Gedichte, Hamburg, 1720 (in der Staatsbibliothek Berlin, Signatur Yk 2781 a).

---

3) Handschriftlich eingefügt ist: P. Aemylianus Pirckel é Petro.

4) Avancinus (1612—1686) Werk stammt nach der Bemerkung am Schlusse des Personenverzeichnisses (Seite 362): „Exhibita viennae Augustis. Imper. Ferdinanda III. anno MDC XL III“ aus dem Jahre 1643. Demnach scheint der vorliegende Druck eine neuere Auflage (1675) zu sein. Bahlmann (Zentralblatt für Bibliothekwesen. Beihefte, 6. Band, Leipzig 1896—97, Seite 348) gibt dasselbe Werk des Avancinus 1669 an. Er scheint demnach eine ältere Auflage als die hier vorliegende im Auge gehabt zu haben. Nach Bahlmann (a. a. O., S. III Anm. 1) werden dort Pag. 1—9 nur Dramen aus Bibliotheken der niederrheinischen Ordensprovinz angegeben. Die Exemplare, welche ihm vorgelegen haben, stammen aus dem Gymnasium Coblenz und der Paulinischen Bibliothek Münster i. W. (S. 5). Da er die frühesten ihm bekannten Aufführungen oder Drucke in Klammern beifügen will (S. 1, Anm. 4), diese aber bei Avancinus, Poesie dramatica II (S. 5)

Johann Paul Kunzen: Der Blutige Untergang des Assyrischen Feld-Hauptmanns Holofernis. Luebeck[5]).

Bonaventura Furlanetto: Betulia Liberata. Venetiis. 14 Seiten, in der Universitätsbibliothek zu Tübingen[6]).

N. Mussini (Synoptisch gedruckt) lateinisch und deutsch. Berlin 1805 (in der Staatsbibliothek Berlin).

Salomon Hermann Mosenthals Text zu Dopplers Oper: Judith. Oper in vier Aufzügen (als Manuskript gedruckt) 1871 (in der Staatsbibliothek Berlin. Signatur: Mus. Td. 490).

Richard Wetz: Judith. Handlung in drei Akten. Dichtung und Musik. Unverkäufliches Manuskript (in der Staatsbibliothek Berlin, Signatur: M. 1919. 517).

Hermann Wolffs deutsche Bearbeitung des Paul Collinschen Textes zu Charles Lefebvres französischer Oper (etwa 1886): Judith. Lyrisches Drama in drei Theilen (in der Staatsbibliothek Berlin, Signatur TL 285 Mus.).

William Chauney Langdons Text zu Chadwickes Oper[7]): Judith. Lyric drama for soli, chorus and orchestra. New York 1901 (in der Staatsbibliothek Berlin, Signatur D. M. S. O. 479).

Heinrich Keller (Pseudonym: Heinrich von Itzenloe): Judith. Schauspiel von Heinrich Itzenloe, Hofpoet bey Kaiser Rudolf II. Aus einer alten Handschrift. Zürich 1809. (198 Seiten in der Staatsbibliothek zu Berlin, Signatur Ys 2761).

Friedrich Hebbel: Sämtliche Werke. Historisch-kritische Gesamtausgabe, besorgt von Richard Maria Werner. 3 Abteilungen (XII, IV, VIII Bände), Berlin 1901 ff. — „Judith" im I. Band der ersten Abteilung.

Julius Grosse: Gesammelte dramatische Werke von Julius Grosse, Leipzig 1870 — „Judith" im VII. Band (in der Staatsbibliothek Berlin).

August Schmitz: Judith. Tragödie, Leipzig 1876 (35 Seiten, in der Landesbibliothek Weimar, Signatur: Bm 2856).

„Judith und Holofernes" (Volksschauspiel in Steiermark nach der Ausgabe:) Deutsche Volksschauspiele. In Steiermark gesammelt. Mit Anmerkungen und Erläuterungen nebst einem Anhange: Das Leiden Christi-Spiel aus dem Gurkthale in Kärnten herausgegeben von Dr. Anton Schlossar, 2. Band, Halle 1891 (in der Universitätsbibliothek Greifswald, Signatur: Bm 220).

„Judith und Holofernes" (Puppenspiel): Die Judith und Holofernes (Handschrift 27b in der Landesbibliothek Weimar, damit identisch:) Judith

---

unterläßt, scheinen die ihm bekannten Exemplare von 1669 eine Aufführungsnotiz nicht zu enthalten.

[5]) Unter dem „Avertissement" auf der zweiten Seite steht das Datum: Lübeck den 22ten Octob. Anno 1737.

[6]) Ein zweites Exemplar befindet sich in der Univ.-Bibl. Leipzig. Es führt denselben Titel, hat aber: Jahresangabe: MDCCXC. Als Druckerei ist angegeben: Apud Josephum Piotto. Das Tübinger und das Leipziger Exemplar sind bis auf 4 Verse, welche das Tübinger mehr hat, gleich.

[7]) Auch diese englische Oper wird von Purdie nicht aufgeführt.

und Holofernes. (Handschrift 32, ebenfalls in der Landesbibliothek Weimar.)

„Judith und Holofernes" 1818 (anonym). Ein Drama in fünf Akten. Zerbst 1818 (in der Staatsbibliothek Berlin, zusammengebunden mit Oehlenschlägers „Hugo von Rheinsberg", Signatur Ys 3971 a).

Johann Nepomuk Nestroy: Nestroys Werke, Auswahl in 2 Teilen, herausgegeben von Otto Rommel. Berlin 1908. („Judith und Holofernes" im 2. Teil.)

„Judith" (anonym, volkstümliche Bearbeitung für die Jugend): Dramatische Spiele für Mädchen. P. Hauptmannsche Verlagsbuchhandlung ohne Erscheinungsort (ohne Jahresangabe, in der Staatsbibliothek Berlin, Signatur Ng. 24 932).

Anna Sartory: Judith, Die Heldin von Bethulia. Drama in vier Akten. Einsiedeln 1907.

Ponholzer: Katholische Dilettantenbühne zweihundertsechzehntes Heft. Judith, die Heldin von Israel, Biblisches Schauspiel mit Gesang in zwei Akten, zweite Auflage Kempten und München 1907.

Theaterzettel von Apels Theater- und Konzerttruppe:

Apels Theater- und Konzerttruppe:
heute
Judith und Holofernes
oder
die Belagerung der Festung Bethulia.
Tragisch-komisch-historisches Schauspiel in 4 Akten.

1. Abtheilung: Die Belagerung der Asirier; 2. Abtheilung: Kriegspläne der Juden; 3. Abtheilung: Ein Todesurtheil des Königs; 4. Abtheilung: Die Enthauptung des Holofernes; 5. Abtheilung: Sturm der Juden auf das Asierische Lager und Sieg!

Personen:

Nebucadnecar, König der Asierier — Holofernes, sein Feldherr — Bachior, sein Feldhauptmann — Kaspar, Parlementier — Asias, Fürst der Ammoniter — Moses Hatschin, Oberhaupt der Juden — Judith, eine Judenwittwe aus Bethulia — Abra, ihre Magd — Nathan, ein Jude — Sahra, ein Judenmädchen — Asierische Krieger, Juden und Volk.

Alles übrige ist bekannt.

Um gütigen Besuch bittet ergebenst: Albert Apel, Theater- und Konzertunternehmer.

Man bittet, die Zettel aufzubewahren, da selbige wider abgeholt werden.

Druck von Max Schütze, Wolkenstein.

(in der Handschriftenabteilung der Staatsbibliothek Berlin unter einer Sammlung von Puppenspielprogrammen aus den Jahren etwa 1860 bis 1913, Signatur: Ms. germ. fol. 1352, Zettel Nr. 97).

Otto Burchard: Judith und Holofernes. Ein patriotisches Schauspiel in fünf Aufzügen. Frankfurt a. M. 1915.

Sebastian Wieser: Biblische Spiele: Judith, Schauspiel in fünf Akten, zweite Auflage, Regensburg 1919.

Georg Kaiser: Die jüdische Witwe, Biblische Komödie, Berlin 1911.

Aufführungen[8]).
(ohne Anspruch auf Vollständigkeit).

1534 Luzern (nur geplant): Johann Salat, ein Schweitzer Chronist und Dichter aus der ersten Hälfte des sechzehnten Jahrhunderts, herausgegeben von Jacob Baechtold, Basel 1876, Seite 45.

1539 Eger (vermutlich Greffs „Judith"; nach Heinrich Gradl: Deutsche Volksaufführungen. Beiträge aus dem Egerlande zur Geschichte des Spiels und Theaters, enthalten in: Mitteilungen des Vereins für Geschichte der Deutschen in Böhmen, XXXIII. Jahrgang, Prag 1895, Seite 236.

1551 Münster (nach Albert Wormstall: „Das Schauspiel zu Münster im 16. und 17. Jahrhundert", enthalten in: Zeitschrift für vaterländische Geschichte und Altertumskunde, 56. Band, Münster 1898, Seite 82).

1553 Köln (Carl Niessen: Schul- und Bürgeraufführungen in Köln bis zum Jahre 1700. Dissertation, Rostock 1915, Seite 52).

1554 Süs (ladinisch, von Durich Campell; nach A. v. Flugi „Die ladinischen Dramen im 16. Jahrhundert" enthalten in: Zeitschrift für Romanische Philologie, herausgeg. von Gröber, 1878, 2. Band, Seite 515).

1555 Hildesheim. (Hugo Holstein: Die Reformation im Spiegelbild der dramatischen Literatur des sechzehnten Jahrhunderts, Halle 1886, Seite 105 [= Schriften des Vereins für Reformationsgeschichte 14/15]).

1559 Eßlingen am Neckar. (Karl Pfaff, Geschichte der Reichsstadt Eßlingen, Eßlingen 1840, Seite 643, Anmerkung.)

1562 Köln (nach Dr. Eunen: „Theatralische Vorstellungen in der Reichsstadt Köln", enthalten in: Zeitschrift für Preußische Geschichte und Landeskunde, herausgeg. von Hassel, 6. Jahrgang, Berlin 1869, S. 7).

1564 Straßburg (anonyme Bearbeitung des Birckschen Stückes siehe die Bibliographie Seite 54).

1565 Vomperfeld, Tirol (Purdie, a. a. O., Seite 6, Nr. 19).

1566 Bartfeld (nach Eugen Abel: „Das Schauspielwesen zu Bartfeld im XV. und XVI. Jahrhundert", enthalten in: Ungarische Revue, Leipzig, Berlin und Wien 1884, Seite 671).

1569 Köln, vermutlich vorher schon in Deutz aufgeführt. (Carl Niessen, Schul- und Bürgeraufführungen in Köln bis zum Jahre 1700. Dissertation, Rostock 1915, Seite 58.)

1578 Zittau. (Christian Adolph Pescheck, Handbuch der Geschichte von Zittau, 2. Teil, Zittau 1837, Seite 346; ferner Kämmel, die Schule von Zittau unter den Einwirkungen der Reformation 1521—1586, enthalten in: Neues Lausitzisches Magazin, 49. Band, Görlitz 1872, Seite 273.)

1579 Eßlingen am Neckar (Karl Pfaff, Geschichte der Reichsstadt Eßlingen, Eßlingen 1840, Seite 643, Anmerkung).

---

[8]) Für die chronologische Zusammenstellung von Judith-Aufführungen erhielt ich von Herrn Geheimrat Johannes Bolte, Berlin, viele wertvolle Hinweise. Purdie, a. a. O., erwähnt nur einen Teil der deutschen Aufführungen, gibt aber über die englischen Aufführungen genauen Aufschluß.

1580 München (Curiositäten der psychisch-literatisch-artistisch-historischen Vor- und Mitwelt, 7. Band, 5. Stück, Weimar 1818, Seite 438).

1585 Straßburg (nach I. Crüger: „Die Straßburger Schulkomödie", enthalten in: Festschrift des protestantischen Gymnasiums zu Straßburg 1888, Seite 321).

1590 Wien (nach Theodor Sickel: „Zeitungen des sechzehnten Jahrhunderts", enthalten in Weimarisches Jahrbuch, herausgeg. von Hoffmann v. Fallersleben und Schade, 1. Band, Hannover 1854, Seite 353).

1593 Bautzen (nach Schubert: „Zur Geschichte des Gymnasiums in Budissin", enthalten in: Jahresbericht des Gymnasiums zu Bautzen 1846, Seite 32, ferner Hugo Holstein, die Reformation im Spiegelbild der dramatischen Literatur des sechzehnten Jahrhunderts, Halle 1886, Seite 105).

1597 Luzern (nach Renward Brandstetter: „Die Luzerner Bühnenrodel", enthalten in: Germania. Vierteljahrsschrift für deutsche Altertumskunde, XXX. Jahrgang, Neue Reihe, XVIII. Jahrgang, Wien 1885, Seite 342 und 344).

1599 Nördlingen (nach Trautmann: „Die Theaterzustände der schwäbischen Reichsstädte im 16. Jahrhundert", enthalten in: Archiv für Literaturgeschichte, XIII. Band, Leipzig 1885, Seite 65).

1600 Chur (oder Sitten?-Jakob Baechtold, Geschichte der deutschen Literatur in der Schweiz, Frauenfeld 1892, Anhang, Seite 218).

1600 Graubünden (?) (Jakob Baechtold, Geschichte der deutschen Literatur in der Schweiz, Frauenfeld 1892, Anhang, Seite 220).

1601 St. Gallen (Emil Weller, das alte Volkstheater in der Schweiz, Frauenfeld 1863, Seite 250).

1601 Trautenau (Hüttel, Chronik 1881, Seite 340. Konnte, da in der Staatsbibliothek Berlin nicht vorhanden, nicht nachgeprüft werden).

1617 Komotau. (Jesuitenstück; Leo Blaß, das Theater und Drama in Böhmen bis zum Anfange des 19. Jahrhunderts, Prag 1877, Seite 41.)

1622 Zittau (Christian Adolph Pescheck, Handbuch der Geschichte von Zittau, 2. Teil, Zittau 1837, Seite 347).

1633 Kopenhagen (vermutlich aufgeführt durch deutsche Studenten. — Kirkehistoriske Samlingen 5, 138, 195 (konnte nicht nachgeprüft werden).

1633 Eisleben (nach Emil Weller „Alte Dramen", enthalten in: Anzeiger für Kunde der deutschen Vorzeit, 13. Band, 1866, Spalte 278).

1640 Salzburg (siehe Bibliographie, Seite 55).

1642 Ingolstadt (Jesuitenstück; siehe die Bibliographie, Seite 55. Vgl. auch E. Weller: „Die Leistungen der Jesuiten auf dem Gebiete der dramatischen Kunst", enthalten in: Serapeum, 25. Jahrgang, Leipzig 1864, Hauptblatt, Seite 344).

1643 Thorn (Tschernings „Judith"; Hans Heinrich Borcherdt Andreas Tscherning, München 1912, Seite 107).

1644 Zittau (Christian Adolph Pescheck, Handbuch der Geschichte von Zittau, 2. Teil, Zittau 1837, Seite 347).

1647 Luzern. Mülliplatz (Jakob Baechtold, Geschichte der deutschen Literatur in der Schweiz, Frauenfeld 1892, Seite 466; ferner nach P. Gall Morel „Zusätze und Nachträge“, enthalten in: Geschichtsfreund der 5 Orte, XXIII. Band, Einsiedeln, New York und Cincinatti 1868, Seite 223; Emil Weller, Annalen der poetischen Nationalliteratur der Deutschen im 16. und 17. Jahrhundert, 2. Band, Freiburg i. Br. 1864, Seite 294).

1651 Breslau (Opitzens „Judith“ nach Max Hippe: „Aus dem Tagebuche eines Breslauer Schulmannes im 17. Jahrhundert“, enthalten in: Zeitschrift für Geschichte Schlesiens, 36. Band [= Breslauer Studien, Festschrift für Markgraf], Breslau 1901, Seite 188).

1651 Luzern (Baechtold, Geschichte der deutschen Literatur in der Schweiz, Frauenfeld 1892, Seite 466; Emil Weller, Das alte Volkstheater der Schweiz, Frauenfeld 1863, Seite 276).

1654 Landshut (vgl. auch E. Weller: „Die Leistungen der Jesuiten“ usw., enthalten in: Serapeum, 26. Jahrgang, Leipzig 1865, Hauptblatt, Seite 79, und Bibliographie, Seite 55).

1660 Dresden (Moritz Fürstenau: Zur Geschichte der Musik und des Theaters am Hofe zu Dresden, I. Teil, Dresden 1861, Seite 206).

1665 Augsburg (nach Karl Trautmann: „Eine Augsburger Lear-Aufführung 1665“, enthalten in: Archiv für Literaturgeschichte, herausgeg. von Schnorr v. Carolsfeld, XIV. Band, Leipzig 1886, Seite 322).

1669 Dresden (Moritz Fürstenau: „Zur Geschichte der Musik und des Theaters am Hofe zu Dresden“, I. Teil, Dresden 1861, Seite 229, 326).

1676 Einsiedeln (Scena muta bei der Prozession): P. Gall Morel „Das geistige Drama“ usw., enthalten in: der Geschichtsfreund, XVII. Band, Einsiedeln, New York und Cincinatti 1861, Seite 103).

1679 Fürstenwalde (nur geplant: G. F. G. Goltz, Diplomatische Chronik der ehemaligen Residenzstadt der Lebusischen Bischöfe Fürstenwalde, Fürstenwalde 1837, Seite 286).

1679 München (siehe Bibliographie, Seite 55, vergleiche auch E. Weller, Die Leistungen der Jesuiten usw., enthalten in: Serapeum, 26. Jahrgang, Leipzig 1865, Hauptblatt, Seite 368).

1683 Glatz (nach Emil Beck: „Schauspiele des Glatzer Jesuitenkollegs“, enthalten in: Beilage zum Jahresbericht des Katholischen Gymnasiums zu Glatz, Glatz 1893, Seite 9, Anmerkung).

1684 Einsiedeln (Emil Weller): Das alte Volkstheater in der Schweiz, Frauenfeld 1863, Seite 284, und P. Gall Morel: „Das geistige Drama“ usw., enthalten in: Geschichtsfreund, XVII. Band, Einsiedeln 1861, Seite 105).

1685 Wien (vgl. Seite 20, Anm. 42).

1689 Hildesheim (G. O. Fischer, Geschichte des Gymnasiums Andreanum von 1546—1815, Hildesheim 1862, Seite 36).

1690 Horn (ohne Gewähr, da nicht nachgeprüft. Nach E. Obermayr im Jahrbuch 1883 für den österreichischen Volksschriftenverein. Herausgegeben von Helfert).

1690 Ystadt (durch Veltens Bände: Gustaf Ljungren, Svenska dramat intill slutet af sjuttonde århundradet Lund. Köpenhamm 1864, Seite 583).

1693 Augsburg (siehe die Bibliographie, Seite 55, vgl. auch E. Weller: „Die Leistungen der Jesuiten" usw., enthalten in: Serapeum, 27. Jahrgang, Leipzig 1866, Hauptblatt, Seite 144; ferner E. Weller, Annalen der poetischen Nationalliteratur der Deutschen im 16. und 17. Jahrhundert, 2. Band, Freiburg i. Br. 1864, Seite 289, und Paul Bahlmann, „Das Drama der Jesuiten", enthalten in: Euphorien, 2. Band, Bamberg 1895, Seite 278).

Etwa 1700 Nürnberg (vermutlich Boehmes „Judith" nach: Johannes Meißner: Die englischen Komödianten im Oesterreich", enthalten in: Jahrbuch der deutschen Shakespeare-Gesellschaft, herausgeg. von Leo, 19. Jahrgang, Weimar 1884, Seite 148).

Etwa Ende des 17. Jahrhunderts Freiburg i. Br. (nach Heinrich Schreiber „Das Theater zu Freiburg", enthalten in: Fortgesetzte Beiträge zur Geschichte der Stadt Freiburg o. J. (1837), Seite 51).

1701 Basel (L. August Burckhardt: „Geschichte der dramatischen Kunst zu Basel", enthalten in: Beiträge zur vaterländischen Geschichte, herausgegeben von der historischen Gesellschaft zu Basel, 1. Band [= Beiträge zur Geschichte Basels], Basel 1839, Seite 197).

1705 Gent (Vanderhaeghen, Bibliographie Gantoise, 2. Seite, 335 [nicht nachgeprüft]).

1714 Jülich (nach Paul Bahlmann: „Jesuitendramen der niederrheinischen Ordensprovinzen", enthalten in: Zentralblatt für Bibliothekswesen, Beihefte, 6. Band, Leipzig 1896/97, Seite 60, und Josef Kuhl, Geschichte der Stadt Jülich, insbesondere des früheren Gymnasiums zu Jülich, II. Teil, Jülich 1893, Seite 262).

1716 Memmingen (Handwerkerspiel: Aus der Beschreibung einer Reise von Regensburg durch Schwaben, Bayern, Franken und Sachsen im Jahre 1716, enthalten in: Des Herrn von Loen gesammelte kleine Schriften, besorgt und herausgeg. von I. B. Muellern, 4. Teil, Frankfurt und Leipzig 1752, Seite 369).

1720 Heidelberg (Jesuitenstück, siehe die Bibliographie, Seite 55).

1722 Görlitz (nach Th. Paur: „Die Schulkomödien in Görlitz", enthalten in: Neues Lausitzisches Magazin, 43. Band, Görlitz 1866, Seite 123).

1723 Riga (Johannes Bolte. Das Danziger Theater im 16. und 17. Jahrhundert, Hamburg und Leipzig 1895 = Theatergeschichtliche Forschungen, herausgeg. von Litzmann, Band 12, Seite 161, und Anmerkung 3).

1737 Gent (Vanderhaeghen, Bibliographie Gantoise 3, Seite 178 und 6, Seite 153).

1743 Prag (Jesuitenstück zu Feier der Krönung der Kaiserin Maria Theresia als Königin von Böhmen: Johann Kelle, Die Jesuitengymnasien in Österreich, Prag 1873, Seite 93).

1751 Salzburg (ohne Gewähr, da nicht nachgeprüft; nach E. Obermayr, Jahrbuch 1883 für den Österreichischen Volksschriftenverein, herausgegeben von Helfert).

1754 Düsseldorf (nach Paul Bahlmann: „Jesuitendramen der niederrheinischen Ordensprovinz", enthalten in: Zentralblatt für Bibliothekswesen, Beihefte, 6. Band, Leipzig 1896/97, Seite 34).

1755 Luzern (nach Alois Lütolf: „Aus der früheren Schaubühne der Stadt und Landschaft Luzern", enthalten in: Geschichtsfreund, XXIII. Band, Einsiedeln 1868, Seite 186—202).

1763 Aachen (nach Purdie, a. a. O., Seite 18, Nr. 69).

1770 Tirol (nach Purdie, a. a. O., Seite 18, Nr. 70).

1840 6. Juli Berlin Uraufführung von Hebbels „Judith" (mit dem Schluß von Willibald Alexis) im Hoftheater.

1849 1. Febr. Wien. Erstaufführung[9]) von Hebbels „Judith" am Hofburgtheater. Judith: Christine Enghaus.

1849 13. Mai Wien. Erstaufführung von Nestroys Travestie im Carltheater.

1921 31. Januar Meiningen. Uraufführung v. Kaisers „Jüdischer Witwe" am Hof- und Landestheater. Judith: Hildegard Warsitz.

1923 27. Oktober Charlottenburg. Uraufführung von v. Rezniceks Oper „Holofernes" im Deutschen Opernhause, Dir.: Leo Blech. Holofernes: Michael Bohnen, Judith: Marga Dannenberg.

1925 11. Juni Mézières, Erste Aufführung in dramatischer Fassung von Honeggers Oper „Judith" im „Théâtre du Jorat".

---

[9]) Über die sonstigen Erstaufführungen von Hebbels „Judith", vgl. Heinrich Wütschke, Hebbel-Biographie, Berlin 1910, Seite 56, und Hildegard Stern, Hebbels Judith auf der Deutschen Bühne, Berlin 1927.

STOFF- UND MOTIVGESCHICHTE DER DEUTSCHEN LITERATUR

herausgegeben von PAUL MERKER und GERHARD LÜDTKE

Es handelt sich um ein groß angelegtes Sammelwerk, bestehend aus Reihen von Einzelheften darstellender Art, die je einen vielbehandelten Stoff oder ein häufiger wiederkehrendes Motiv auf ihrem Schicksalsgang innerhalb der deutschen Literaturgeschichte verfolgen. Die behandelten und ausgewerteten Dichtungsinhalte sollen als Exponenten der jeweiligen Kulturstimmung und Stilrichtung erscheinen und somit Bausteine zur Geschichte des geistigen Lebens und der seelischen Entwicklung des deutschen Volkes bilden.

Das Gesamtwerk wird in Einzelheften von je etwa drei Bogen Lexikonformat ausgegeben. Jedes Heft, das im Rahmen des Gesamtunternehmens selbständig unter dem Namen des Verfassers erscheint, ist einzelkäuflich zu erwerben.

Bisher sind erschienen:

1. **Die Jungfrau von Orleans in der Dichtung.** Von WILHELM GRENZMANN. Groß-Oktav. IX, 74 Seiten. 1929. 4.—

2. **Tristan und Isolde** in der französischen und deutschen Dichtung des Mittelalters und der Neuzeit. Von WOLFGANG GOLTHER. Groß-Oktav. VI, 72 Seiten. 1929 4.—

3. **Julianus Apostata in der deutschen Literatur.** Von KÄTE PHILIP. Groß-Oktav. IV, 78 Seiten. 1929. 5.—

4. **Parzival** in der deutschen Literatur. Von WOLFGANG GOLTHER. Groß-Oktav. VI, 64 Seiten. 1929. 5.—

5. **Heidelberg** als Stoff und Motiv der deutschen Dichtung. Von RUDOLF K. GOLDSCHMIT. Groß-Oktav. VI, 74 Seiten. 1930. 4.—

6. **Ahasverus, der ewige Jude.** Von WERNER ZIRUS. Groß-Oktav. IV, 73 Seiten. 1930.

7. **Das Judith-Motiv** in der deutschen Literatur. Von OTTO BALTZER. Groß-Oktav. IV, 62 Seiten. 1930.

Die Behandlung folgender Stoffgruppen ist vorgesehen: Antike, Mittelalter, Neuzeitliche Weltgeschichte, Kirchengeschichte, Bibel, Legenden, Neuzeitliche Volkssagen und Märchenstoffe, Fabelstoffe, Kulturträger in dichterischer Darstellung, Stände und Berufsgruppen in der dichterischen Darstellung, Das menschliche Privatleben, Natur, Die Zivilisation im dichterischen Werk, Das literarische Nachleben weltliterarischer Werke.

WERKE ZUR DEUTSCHEN SPRACHWISSENSCHAFT UND LITERATURGESCHICHTE

Verlag Walter de Gruyter & Co., Berlin W 10 und Leipzig

Grundriß der germanischen Philologie, unter Mitwirkung zahlreicher Fachgelehrter begründet von HERMANN PAUL, weil. o. Professor der deutschen Philologie an der Universität München. Groß-Oktav.

Der „Grundriß der germanischen Philologie" hat von der dritten Auflage an einen Umbau erfahren. Die Darstellungen erscheinen jede für sich in Einzelbänden. Der Ausbau des Grundrisses wird in nächster Zeit besonders gefördert werden. Abgezweigt von dem Paulschen Grundriß ist ein besonderer „Grundriß der deutschen Literaturgeschichte", weil die Darstellung der Literaturgeschichte bis zur Neuzeit fortgeführt werden soll (s. Seite 16). Das gleiche gilt für einen besonderen „Grundriß der englischen Literaturgeschichte". — Von der neuen Auflage des Paulschen Grundrisses sind die folgenden Bände erschienen:

I, 1. **Geschichte der gotischen Sprache.** Von M. H. JELLINEK, a. o. Professor an der Universität Wien. IX, 209 Seiten. 1926. 10.—, geb. 12.—

Der Band ist für den Studierenden und Forscher der germanischen Sprachwissenschaft unentbehrlich.

I, 2. **Geschichte der gotischen Literatur.** Von WILH. STREITBERG. In Bearbeitung.

II. **Urgermanisch.** Vorgeschichte der altgermanischen Dialekte. Von Dr. FRIEDRICH KLUGE, weil. Professor a. d. Universität Freiburg i. B. XI, 289 Seiten, 1913. 6.—, geb. 8.—

III. **Geschichte der deutschen Sprache.** Von Dr. OTTO BEHAGHEL, o. Prof. a. d. Universität Gießen. Mit 1 Karte. Fünfte, verbesserte und stark erweiterte Auflage. XXIX, 588 Seiten. 1928. 18.—, geb. 20.—

Behaghels in der neuen Auflage wesentlich erweiterte Geschichte gewinnt für die heutige Zeit, die die Sprachgeschichte gern als Bildungs- und Geistesgeschichte ansieht, ganz besondere Bedeutung.

IV. **Geschichte der nordischen Sprachen,** besonders in altnordischer Zeit. Von ADOLF NOREEN, ehem. Prof. an der Universität Upsala. Dritte, vollständig umgearbeitete Auflage. 239 Seiten. 1913. 5.—, geb. 7.—

V. **Grundriß des germanischen Rechts.** Von Dr. KARL VON AMIRA, o. Professor an der Universität München. Dritte, verbesserte und erweiterte Auflage. I, 302 Seiten. 1913 5.—, geb. 7.—

VI. **Geschichte der englischen Sprache.** II. Historische Syntax. Von Dr. EUGEN EINENKEL. Dritte, verbesserte und erweiterte Auflage. XVIII, 223 Seiten. 1916. 6.—, geb. 8.—

VII. **Geschichte der mittelniederdeutschen Literatur.** Von Dr. HERMANN JELLINGHAUS. Dritte, verbesserte Auflage. VIII, 90 Seiten. 1925. 5.—, geb. 7.—

VIII. **Deutsche Versgeschichte** mit Einschluß des altenglischen und altnordischen Stabreimverses. Von Dr. ANDREAS HEUSLER, o. Professor an der Universität Basel.

Erster Band. Teil I und II: Einführendes; Grundbegriffe der Verslehre; Der altgermanische Vers. V, 314 Seiten. 1925 16.—, geb. 18.—

Zweiter Band. Teil III: Der altdeutsche Vers. VIII, 351 Seiten. 1927. 16.—, geb. 18.—

Dritter Band. Teil IV und V: Der frühdeutsche Vers. Der neudeutsche Vers. V, 427 Seiten. 1929 22.—, geb. 24.—

In dem vorliegenden bahnbrechenden Werk, das für jeden Sprach- und Literaturwissenschaftler unentbehrlich ist, wird die deutsche Metrik zum erstenmal in umfassender Weise von den Anfängen bis zur Gegenwart von dem berufensten Fachgelehrten behandelt.

IX. **Die Germanen.** Eine Einführung in die Geschichte ihrer Sprache und Kultur. Von TORSTEN EVERT KARSTEN, a. o. Professor an der Universität Helsingfors. Mit 4 Tafeln und 8 Textabbildungen. X, 241 Seiten. 1928. 13.—, geb. 15.—

Das vorliegende Werk bedeutet den ersten Versuch von nichtdeutscher Seite, Sprache und Kultur der gesamten germanischen Rasse darzustellen, unter Einschluß auch ihrer numerisch kleinsten und zivilisatorisch vielleicht rückständigsten Splitter, wie die der finnländischen und ostbaltischen Schweden und ihrer Vorfahren, die es als gleichberechtigte Teile der großen germanischen Sprach- und Kulturwelt einbezieht.

X. **Germanische Heldensage.** Von Dr. phil. HERMANN SCHNEIDER, o. Universitätsprofessor, Tübingen.

I. Band. Einleitung: Ursprung und Wesen der Heldensage.

I. Buch: Deutsche Heldensage. X, 443 Seiten. 1928. 15.—, geb, 17.—

II. Band In Vorbereitung.

Das Buch versucht die Entwicklung aller Sagenkreise von den ältesten verlorenen Liedern der Völkerwanderungszeit bis zu den hauptsächlich erhaltenen Denkmälern des späteren Mittelalters wiederzugewinnen und in einem Gesamtbilde zu erfassen.

Deutsche Grammatik. Von Professor Dr. OTTO LYON, weil. Stadtschulrat in Dresden. Sechste, umgearbeitete Auflage, unter Mitwirkung von Dr. Horst Kraemer, herausgegeben von Dr. Walther Hofstaetter. 144 Seiten. 1928 (Samml. Göschen Bd. 20.) Geb. 1.50

Kurze historische Syntax der deutschen Sprache. Von Dr. HANS NAUMANN, o. Professor an der Universität Frankfurt. Klein-Oktav. VI, 125 Seiten. 1915. (Trübners Philologische Bibliothek Bd. 2.) 2.—

Grundlagen der neuhochdeutschen Satzlehre. Ein Schulbuch für Lehrer. Von BERTHOLD DELBRÜCK, o. Professor an der Universität Jena. Oktav. VIII, 91 Seiten. 1920. 1.—

Das Buch behandelt ausgewählte Stücke der deutschen Satzlehre (Begriff des Satzes, Satzlehre, Grundbestandteile des Satzes, Wortbildung, Konjunktiv, Satzgefüge) vom psychologischen und geschichtlichen Standpunkt aus.

Geschichte der deutschen Sprache. Von Dr. HANS SPERBER. 132 Seiten. 1926. (Samml. Göschen Bd. 915.) Geb. 1.50

Der Verfasser war bestrebt, die sprachlichen Tatsachen nicht isoliert darzustellen, sondern in ihrem Zusammenhang mit den wichtigsten Erscheinungen der Kultur- und Geistesgeschichte.

Etymologisches Wörterbuch der deutschen Sprache. Von Dr. FRIEDRICH KLUGE, weil. Professor an der Universität Freiburg i. Br. Elfte, völlig neubearbeitete Auflage im Druck.

Durch immer erneute Umarbeitungen und Erweiterungen ist das Lexikon im Verlauf von mehreren Jahrzehnten zu einem Standardwerk nicht nur für die Germanistik, sondern für das deutsche Geistesleben überhaupt geworden.

Wörterbuch nach der neuen deutschen Rechtschreibung. Von Dr. HEINRICH KLENZ. Dritter Neudruck. 268 Seiten. 1923 (Samml. Göschen Bd. 200.) Geb. 1.50

Deutsches Fremdwörterbuch. Von HANS SCHULZ. Lexikon-Oktav.
Band I: A—K. XXIII, 416 Seiten. 1910/13 14.—, geb. 16.—
Band II: Fortgeführt von Dr. OTTO BASLER.
1. Lieferung: L—M. 168 Seiten. 1926. 6.80
2. Lieferung: N—P. Seite 169—280. 1928. 6.—

Hier wird nach den Grundsätzen moderner Wortforschung für jedes Fremdwort die Quelle und Zeit seiner Entstehung ermittelt und seine Entwicklung dargelegt.

Deutsches Fremdwörterbuch. Von Dr. RUDOLF KLEINPAUL. Zweite, verbesserte Auflage. Neudruck. 171 Seiten. 1920 (Samml. Göschen Bd. 273.) Geb. 1.50

Der Band enthält u. a. überzeugende sprachliche Ableitungen der wichtigsten in den allgemeinen Gebrauch übergegangenen Fremdwörter.

Deutsche Wortkunde. Eine Kulturgeschichte des deutschen Wortschatzes. Von Dr. ALFRED SCHIRMER. 111 Seiten. 1926. (Samml. Göschen Bd. 929.) Geb. 1.50

Inhalt: Wortforschung als Kulturgeschichte. Entstehung des Wortes. Urschöpfung und Ableitung. Bedeutungswandel. Entlehnung. Mundart. Hochsprache, Umgangssprache usw. Geschichtliche Entwicklung von der Urzeit bis zur Gegenwart.

Die deutschen Personennamen. Ihre Entstehung und Bedeutung. Von Dr. RUDOLF KLEINPAUL. Zweite, vermehrte und verbesserte Auflage, neubearbeitet von Dr. Hans Naumann, o. Professor an der Universität Frankfurt. 127 Seiten. 1921. (Samml. Göschen Bd. 422.) Geb. 1.50

Der Band, ein wertvoller Beitrag zur deutschen Kulturgeschichte, behandelt Kleinkindernamen, Taufnamen unserer heidnischen Vorfahren, Christen-, Vater- und Familiennamen.

Die Ortsnamen im Deutschen. Ihre Entwicklung und ihre Herkunft. Von Dr. RUDOLF KLEINPAUL. Zweite, verbesserte und vermehrte Auflage. 142 Seiten. 1919. (Samml. Göschen Bd. 573.) Geb. 1.50

Der Verfasser zeigt, wie das ganze menschliche Leben, Pflanzen- und Tierwelt an der Bildung unserer Ortsnamen mitgewirkt haben, die in ihrer Vielseitigkeit ein bis ins kleinste genauer Spiegel der deutschen Geschichte sind.

Länder- und Völkernamen. Von Dr. RUDOLF KLEINPAUL. Zweite, verbesserte und vermehrte Auflage. 139 Seiten. 1919. (Samml. Göschen Bd. 478.) Geb. 1.50

Der kulturgeschichtlich und folkloristisch interessante Band ist für den Historiker und Geographen besonders wertvoll.

Deutsche Redelehre. Von HANS PROBST, Rektor des Gymnasiums in Ansbach. Dritte, verbesserte Auflage. Neudruck. 130 Seiten. 1920. (Samml. Göschen Bd. 61.) Geb. 1.50

Der Band faßt alles Wesentliche über Stilistik, die Lehre vom Ausdruck, und über Rhetorik, die Lehre vom Inhalt des Gesprochenen, zusammen.

Deutsche Lauttafel. Von PAUL MENZERATH. 73×143 cm. Auf Karton gedruckt, mit Stäben, Ösen und Bändern versehen. 8.—, auf Leinen gezogen 12.50. Beiheft dazu. Mit kleiner Lauttafel. Oktav. 11 Seiten. 1926. —.75. Kleine Lauttafel, einzeln (nur von 10 Exemplaren ab) 20.—

Die Tafel entspricht dem neuesten Stand der Lautforschung. Sie läßt den Zusammenhang der Laute nach Art und Stelle ihrer Bildung deutlich hervortreten. Systematisch geordnete Beispiele geben sämtliche orthographischen Varianten der Einzellaute wieder.

Deutsche Poetik. Von Dr. KARL BORINSKI, Professor an der Universität München. Vierte, verbesserte Auflage. Neudruck. 165 Seiten. 1920. (Samml. Göschen Bd. 40.) Geb. 1.50

Der Verfasser behandelt die Dichtung als Gabe und Kunst, den dichterischen Stil, seine Mittel und Gattungen.

Reallexikon der deutschen Literaturgeschichte. Unter Mitwirkung zahlreicher Fachgelehrter herausgegeben von Dr. PAUL MERKER, o. ö.

Professor an der Universität Breslau, und Dr. WOLFGANG STAMMLER, o. ö. Professor an der Universität Greifswald. Erscheint in etwa 30 Lieferungen. Band I: Abenteuerroman—Hyperbel. Lexikon-Oktav. 593 Seiten. 1926. 32.—, in Halbleder 41.—

Band II: Jambus—Quatrain. Lexikon-Oktav. IV, 754 Seiten. 1926/28. 40.—, in Halbleder 49.—

Band III: Rahmenerzählung—Zwischenspiel. IV, 525 Seiten. 1928/29. 26.40, in Halbleder 34.50

Band IV (Nachträge und Register). Erscheint 1930.

Das Kennzeichnende für das Werk ist, daß es sich auf die formale und sachliche Seite der Literaturgeschichte, die Realien derselben beschränkt und die Dichtung als Leistung und Ausdruck eines schöpferischen Individuums nur insoweit berücksichtigt, als es unbedingt erforderlich ist.

Grundriß der deutschen Literaturgeschichte.

I. Geschichte der deutschen Literatur bis zur Mitte des elften Jahrhunderts. Von WOLF VON UNWERTH u. Dr. THEODOR SIEBS, o. Professor an der Universität Breslau. Oktav. XI, 260 Seiten. 1920. 6.—, geb. 8.50

Die Darstellung tritt an die einzelnen Denkmäler mit eingehender sprachgeschichtlicher und literarhistorischer Analyse heran und berücksichtigt jedesmal die gesamte einschlägige Literatur.

II. Geschichte der mittelhochdeutschen Literatur.

1. Teil: Frühmittelhochdeutsche Zeit. Blütezeit I: Das höfische Epos bis auf Gottfried von Straßburg. Von Dr. FRIEDRICH VOGT, o. Professor an der Universität Marburg. Dritte, umgearbeitete Auflage. Oktav. X, 363 Seiten. 1922. 5.—, geb. 6.—

2. und 3. Teil sowie die folgenden Bände in Vorbereitung.

Geistliche und weltliche Dichtung von 1050 bis um 1180. Heinrich von Veldeke und das mitteldeutsche Kunstepos. Der Artusroman und Hartmann von Aue. Wolfram von Eschenbach und der Gral. Gottfried von Straßburg.

Geschichte der deutschen Literatur.

I. Von der ältesten Zeit bis 1748. Von Dr. MAX KOCH, o. ö. Professor an der Universität Breslau. Neunte, neubearbeitete und erweiterte Auflage. 170 Seiten. 1920. (Samml. Göschen Bd. 31.) Geb. 1.50

II. Von Klopstock bis zum Ausgang der Romantik. Von Dr. FRIEDRICH KAINZ, Privatdozent an der Universität Wien. 146 Seiten. 1929. (Samml. Göschen Bd. 783.) Geb. 1.50

III. Von Goethes Tod bis zur Gegenwart. Von Dr. FRIEDRICH KAINZ, Privatdozent an der Universität Wien. 136 Seiten. 1928. (Samml. Göschen Bd. 1004.) Geb. 1.50

Die Bände vermitteln einen faßlichen Überblick über die Hauptentwicklungslinien und das wichtigste historische Tatsachenmaterial der deutschen Literatur. Der Schilderung jeder Epoche ist eine kurze Wesensschau vorausgeschickt, die ihre konstitutiven Züge hervorhebt, ihre stilistischen Gemeinsamkeiten, ihr Lebensgefühl und Kunstwollen charakterisiert.

Geschichte der deutschen Lyrik. Von Dr. RICHARD FINDEIS, Professor in Wien. 1914.

I. 151 Seiten. (Samml. Göschen Bd. 737.) Geb. 1.50

II. 120 Seiten. (Samml. Göschen Bd. 738.) Geb. 1.50

Der erste Teil umfaßt die deutsche Lyrik von der indogermanischen Frühzeit bis zur Romantik, der zweite Teil führt bis in die jüngste Gegenwart hinauf.

Das deutsche Kirchenlied in seinen charakteristischen Erscheinungen. Ausgewählt von Dr. FRIEDRICH SPITTA, o. Professor an der Universität Tübingen.

I. Mittelalter und Reformationszeit. 141 Seiten. 1912. (Samml. Göschen Bd. 602.) Geb. 1.50

Aus dem Inhalt: Mittelalter. Martin Luther. Zwingli. Agricola. Blaurer. Zwick. Konrad Hubert. Capito. Vogtherr. Leo Jùd. M. Weiße. Niederdeutsche Meßgesänge. B. Waldis. Albrecht von Preußen. Die Markgrafenlieder.

Geschichte des deutschen Romans. Von Dr. WALTHER REHM.

I. Vom Mittelalter bis zum Realismus. Auf Grund der Mielkeschen Darstellung neubearbeitet. 175 Seiten. 1927. (Samml. Göschen Bd. 229.) Geb. 1.50

II. Vom Naturalismus bis zur Gegenwart. 104 Seiten. 1927. (Samml. Göschen Bd. 956.) Geb. 1.50

Die beiden nach Ideen geordneten Bände bedeuten einen wichtigen Beitrag zur kritischen Erfassung der deutschen, vor allem der gegenwärtigen Romanliteratur.

Repetitorium der deutschen Literaturgeschichte. I. Von den Anfängen bis Luther. Von Dr. HERMANN AMMON. Oktav. 131 Seiten. 1922. (Wissenschaftliche Repetitorien Bd. 9.) —.50

Deutsche Literaturdenkmäler des 14. und 15. Jahrhunderts. Ausgewählt und erläutert von Dr. HERMANN JANTZEN, Geh. Regierungs- und Provinzialschulrat in Breslau. Zweite, neudurchgesehene Auflage. 151 Seiten. 1919. (Samml. Göschen Bd. 181.) Geb. 1.50

Eine Auswahl aus Lyrik, Meistergesang, Reimrede, Fabel, moralischer und Schwankdichtung, Drama, sowie aus dem Prosaschrifttum der Mystiker, Naturkundigen, Satiriker, der Facetien und volkstümlichen Schwankbücher.

Deutsche Literaturdenkmäler des 16. Jahrhunderts.

I. Martin Luther und Thomas Murner. Ausgewählt und mit Einleitungen und Anmerkungen versehen von GEORG BERLIT †, Professor am Nikolaigymnasium zu Leipzig. Zweite, verbesserte Auflage. Neudruck. 141 Seiten. 1919. (Samml. Göschen Bd. 7.) Geb. 1.50

II. Hans Sachs. Neubearbeitet und erläutert von Dr. PAUL MERKER, o. ö. Professor an der Universität Breslau. 144 Seiten. 1927. (Samml. Göschen Bd. 24.) Geb. 1.50

III. Von Brant bis Rollenhagen: Brant, Hutten, Fischart sowie Tierepos und Fabel. Ausgewählt und erläutert von Professor Dr. JULIUS SAHR. Zweite, verbesserte und vermehrte Auflage. Neudruck. 159 Seiten. 1920. (Samml. Göschen Bd. 36.) Geb. 1.50

Handschriftenproben des 16. Jahrhunderts, nach Straßburger Originalen herausgegeben von Dr. JOHANNES FICKER, o. Professor an der Universität Halle, und OTTO WINCKELMANN. Kleinfolio. 102 Tafeln in Lichtdruck mit Text.

Band I. XV Seiten Einleitung und Tafel 1—46: „Zur politischen Geschichte" mit Text. 1902. 40.—

Band II. XIII Seiten. Verzeichnisse, Register, Nachträge und Tafel 47—102: „Zur geistigen Geschichte" mit Text. 1905. 50.—

— Kleine Ausgabe. Kleinfolio. 35 Tafeln in Lichtdruck mit Transkription und biographischen Skizzen. IX Seiten. Vorwort. Übersicht, Abkürzungen, Nachträge und Berichtigungen. 1906. 20.—

Johann Fischart. Ein Literaturbild aus der Zeit der Gegenreformation. Dargestellt von Dr. ADOLF HAUFFEN, o. Professor an der Universität Prag.

Band I. Oktav. X, 290 Seiten. 1921.

Band II. Oktav. 429 Seiten. 1922. Zus. 10.—, geb. 12.—

Das Leben dieses bedeutendsten und vielseitigsten Schriftstellers am Ausgang des 16. Jahrhunderts gibt zugleich ein Spiegelbild jener geistig reichbewegten Epoche.

Thomas Murners Deutsche Schriften mit den Holzschnitten der Erstdrucke. Herausgegeben unter Mitarbeit von Dr. G. Bebermeyer, a. o. Professor an der Universität Tübingen, Dr. E. Fuchs in Beuthen, Dr. P. Merker, o. ö. Professor an der Universität Breslau, Geheimer Hofrat Dr. V. Michels, weil. o. Prof. a. d. Universität Jena, Dr. W. Pfeiffer-Belli, Frankfurt a. M., und Dr. M. Spanier, Berlin, von Dr. FRANZ SCHULTZ, o. Professor an der Universität Frankfurt a. M.

Band I: a) **Von den fier ketzeren.** Herausgegeben von Dr. EDUARD FUCHS. Groß-Oktav. CXXIV, 286 Seiten. 1929. 25.—

b) **Badenfahrt.** Herausgegeben von Geh. Hofrat Dr. VICTOR MICHELS, weil. o. Professor an der Universität Jena. Oktav. XLIV, 269 Seiten 1927. 20.—

Band II: **Die Narrenbeschwörung.** Herausgegeben von Dr. MEIER SPANIER, Berlin. Mit einem Brief Murners in Handschriftendruck. Oktav. X, 597 Seiten. 1926. 30.—

Band III. **Die Schelmenzunft.** Herausgegeben von Dr. MEIER SPANIER, Berlin. Oktav. 228 Seiten. 1925. 10.—

Band IV: **Die Mühle von Schwindelsheim und Gredt Müllerin Jahrzeit.** Herausgegeben von Dr. GUSTAV BEBERMEYER, a. o. Professor an der Universität Tübingen. Oktav. VIII, 205 Seiten. 1923. 6.—

Band V: **Die Geuchmatt.** Im Druck.

Band VI: **Kleine Schriften.** (Prosaschriften gegen die Reformation.) Herausgegeben von Dr. WOLFGANG PFEIFFER-BELLI, Frankfurt am Main.

Erster Teil: **Ein christliche und briederliche ermanung.** Von Doctor Martinus luters leren und predigen. Oktav. VIII, 200 Seiten. 1927. 10.—

Band VII: Zweiter Teil: **Von dem babstenthum. An den Grossmechtigsten und Durchlüchtigsten adel tütscher nation.** Oktav. VI, 174 Seiten. 1928. 9.—

Band VIII: Dritter Teil: **Wie doctor M. Luter uß falschen ursachen bewegt Das geistlich recht verbrennet hat usw.** Oktav III, 192 Seiten. 1928. 12.—

Band IX: **Von dem großen Lutherischen Narren.** Herausgegeben von Dr. PAUL MERKER, o. ö. Professor an der Universität Breslau. Oktav XI, 427 Seiten. 1918. 10.—, geb. 11.—

(Kritische Gesamtausgaben elsässischer Schriftsteller des Mittelalters und der Reformationszeit, veröffentlicht vom Wissenschaftlichen Institut der Elsaß-Lothringer im Reich an der Universität Frankfurt.)

Geschichte der neulateinischen Literatur Deutschlands im sechzehnten Jahrhundert. Von GEORG ELLINGER. Groß-Oktav.

I. Italien und der deutsche Humanismus in der neulateinischen Lyrik. XXII, 516 Seiten. 1929 20.—, geb. 22.—

II. Die neulateinische Lyrik Deutschlands in der ersten Hälfte des sechzehnten Jahrhunderts. 420 Seiten. 1929. 18.—, geb. 20.—

Es bestand bisher keine Möglichkeit, sich aus einer deutschen Darstellung über die Entwicklung der neulateinischen Lyrik des 15. und 16. Jahrhunderts in Italien und Deutschland zu unterrichten. Das vorliegende Buch will diese Lücke ausfüllen. Doch ist nicht eine vollständige Aufzählung der neulateinischen Lyriker in dem behandelten Zeitraum beabsichtigt, sondern eine Vergegenwärtigung der für die einzelnen Abschnitte des Verlaufs bezeichnendsten Gestalten. Daher sieht der Verfasser von einer Anhäufung toter Namen ab und versucht, ausgewählte Vertreter durch Gesamtcharakteristiken oder durch Analysen ihrer besten Dichtungen nahezubringen.

Johann Rists Monatsgespräche. Von Dr. ALFRED JERICKE. Oktav. VIII, 204 Seiten. 1928. (Germanisch und Deutsch, Studien zur Sprache und Kultur, 2. Heft.) 10.—

Rists Monatsgespräche (1663 bis 1668 erschienen) sind ideell und auch formal der erste Vorläufer des literarisch-wissenschaftlichen Journals in Deutschland. Die Arbeit bietet auch Material zu einer noch nicht geschriebenen Geschichte des Dialoges. An Hand ihrer enzyklopädischen Fülle und des anekdotenreichen Memoirencharakters zeichnet der Verfasser aber vor allem das Bild des sachlichen Wissens, künstlerischen Empfindens, der Sitten, der Moral und des Lebensgefühls jener Zeit nach dem Dreißigjährigen Kriege.

Deutsche Literaturdenkmäler des 17. und 18. Jahrhunderts bis Klopstock. III. Drama. Ausgewählt und erläutert von Dr. REINHARD DIETEL in Zwickau. 127 Seiten. 1915. (Samml. Göschen Bd. 754.) geb. 1.50

Enthält Proben aus Dramen von Ayrer, von Herzog Heinrich Julius von Braunschweig, Gryphius, Chr. Weise, Gottsched und J. E. Schlegel. — Band I und II vergriffen.

Klopstocks Deutsche Gelehrtenrepublik. Von MAX KIRSCHSTEIN. Oktav. 191 Seiten. 1928. (Germanisch u. Deutsch, Studien z. Sprache und Kultur, 3. Heft.) 8.—

Klopstocks „Deutsche Gelehrtenrepublik“, ganz Ausdruck ihrer Zeit — seine Gedankengänge kamen Goethes Suchen und Empfinden so entgegen, daß er sich hell an ihnen begeisterte —, erfährt hier ihre kritische Darstellung nach Idee, Geschichte, rechtlicher und geistiger Struktur, Verfassung und ihren Gesetzen.

Deutsche Literaturgeschichte der Klassikerzeit. Von CARL WEITBRECHT. Zweite, durchgesehene und ergänzte Auflage von KARL BERGER. Neudruck. 186 Seiten. 1920. (Samml. Göschen Bd. 161.) Geb. 1.50

Inhalt: Voraussetzungen. Die einleitenden Geister. Klopstock. Der Göttinger Hain. Winckelmann und Lessing. Wieland. Herder. Sturm und Drang. Goethe bis 1794. Schiller bis 1794. Goethe und Schiller.

Goethes Bild der Landschaft. Untersuchungen zur Landschaftsdarstellung in Goethes Kunstprosa. Von RICHARD BEITL. Quart. XI, 245 Seiten. 1929. 16.—

Im Wort dargestellte Landschaft, oft nur äußere Kompositions- und Stimmungsmittel, wird in Goethes Dichtung ein organischer Teil des Werkes, der die Entwicklung der menschlichen Charaktere und des sprachlichen Stils auf das stärkste miterfährt. Im ersten Teil des Bandes gibt der Verfasser eine Poetik, im zweiten eine Typenlehre, im dritten eine Ästhetik der Landschaftsdarstellung in Goethes Prosa. Daran schließt sich die Stilistik, die Behandlung des Sprachstils der Landschaft. Das Buch bringt Ergebnisse von weittragender Bedeutung für Stilkritik und Sprachgeschichte.

FSC
www.fsc.org
MIX
Papier | Fördert
gute Waldnutzung
FSC® C083411

Kolibri 360 GmbH
Ferdinand-Jühlke-Straße 7
99095 Erfurt, Deutschland
produktsicherheit@kolibri360.de